深圳近代教会建筑传播与影响研究

葛 琳 著

东南大学出版社
SOUTHEAST UNIVERSITY PRESS
·南京·

图书在版编目(CIP)数据

深圳近代教会建筑传播与影响研究/葛琳著. —南京:东南大学出版社,2016.5

ISBN 978-7-5641-6458-4

Ⅰ.①深… Ⅱ.①葛… Ⅲ.①宗教建筑—文化传播—研究—深圳市—近代 Ⅳ.①TU-098.3

中国版本图书馆 CIP 数据核字(2016)第 075654 号

深圳近代教会建筑传播与影响研究

出版发行	东南大学出版社	
社　　址	南京市四牌楼 2 号　　邮编:210096	
出 版 人	江建中	
策划编辑	汤晓月	
网　　址	http://www.seupress.com	
电子邮箱	press@seupress.com	
经　　销	全国各地新华书店	
印　　刷	江苏省扬中市印刷有限公司	
版　　次	2016 年 5 月第 1 版	
印　　次	2016 年 5 月第 1 次印刷	
开　　本	700 mm×1 000 mm　1/16	
印　　张	11	
字　　数	172 千	
书　　号	ISBN 978-7-5641-6458-4	
定　　价	65.00 元	

本社图书若有印装质量问题,请直接与营销部联系。电话(传真):025-83791830

前　言

　　地处中国南海之滨的深圳，历史上始终处于偏离中原中心文化的边缘地带，近代时期的深圳，既不同于广州、南京、天津、上海、沈阳、青岛等受西方大资本投资青睐的主流城市，又不同于五邑侨乡（以开平为代表）这种，以华侨投资为媒介受北美新兴资本主义国家建筑文化影响的中国传统乡村社会。深圳地区外来建筑文化被接纳的关键在于社会意识和风尚上的认同与欣赏，是对外来建筑文化的主动汲取而非被动接受。并且，深圳的近代建筑仍是基于传统的工匠体系而营造的，被汲取的外来元素，仅是在既有模式上的接纳，而未形成系统的转型。教会建筑，作为一种伴随西方宗教文化传入深圳的建筑形态，它的传播广度在于基督宗教在地方民众中的接受程度。在近代深圳以紧密排他的宗族体系为主导的村落系统中，传教工作的成功进行通常意味着全村对基督宗教的接受，这使得带有明显西方文化色彩的教会建筑能够在整个村落中被接纳甚至被推崇，从而影响传统村落的建筑风格与村落景观。

　　本书旨在系统地研究近代时期教会建筑所代表的外来建筑文化在深圳地区的传播与影响。本书并非是针对于一种建筑类型的研究，研究重点亦不局限于教会建筑功能、形式、构造等具象的物质因素，而是通过对教会建筑的传播背景和历史史实、教会建筑及受教会建筑影响的传统建筑的物质空间、建筑形式、建造的思想观念的探究，探讨外来建筑文化在深圳地区的传播与影响，并从交叉学科综合研究的角度，揭示深圳地区传统建筑对外来建筑文化吸收与接纳的基本范式。

　　本书基于对基础理论、历史文献、现状建筑的分析，探究建筑物质因素背后的建造动因，通过以下几部分做逐步深入的探讨：

　　第一部分，以深圳近代传统村落体系的研究为基础，通过对近代深圳地区历史文献及地图资料的收集整理，探究教会建筑传入深圳地区的背景条件，以及基督新教与天主教自下而上和自上而下两种不同的传教思路。

　　第二部分，历时性地考察教会建筑在深圳的传播过程，结合对深圳近代教会建筑文献资料、现状遗存的收集、整理和分析,研究近代时期教会建筑在深圳地区传播与影响的历史。

第三部分,通过建筑及所在村落的实地调研和测绘,对建筑的物质空间(建筑类型与功能、建筑选址与周边环境、建筑平面)、建筑形式(建筑立面、建筑构件、建筑结构、建筑材料)、建筑背后的建造观念、建筑所在村落的景观以及教会建筑对传统民居的影响实例进行分析与探讨。

第四部分,通过对建筑文化传播学理论的研究,探讨文化传播的前提、基础与条件,从宏观层面上分析研究西方宗教建筑文化在深圳地区传播与影响的基本特性;并进一步探究教会建筑对深圳近代传统地域建筑文化的影响,以揭示深圳地区传统建筑对外来建筑文化吸收与接纳的基本范式。

目　录

图表索引

——第一章——
绪　　论

1.1　本书的背景与意义[①]

深圳自古至今都是一个多元文化交汇之地。早在先秦之前,深圳地区属于基本独立的古南越族文化,其所在的岭南地区建筑类型经历了穴居→半穴居→巢居→干栏居的演变,形成了颇为独立的干栏式木结构建筑体系[②]。随着秦汉时期岭南地区的首次移民潮而来的是中原先进的建筑技术,干栏建造方式与中原木构框架的施工技术相互借鉴、发展,逐步形成了兼收并蓄的岭南特色建筑文化;近代时期随着西方资本主义的入侵,外来建筑文化通过传教、通商、民间传播等方式进入深圳地区,岭南传统建筑以木构体系为主的格局被打破,深圳地区的建筑景观与城市空间形态呈现出日趋多元化的特征;及至20世纪80年代后深圳高速发展,先进的外来建筑思想及理论、设计方法与技术被主动引入到深圳这一改革开放的前沿阵地,引发了大规模的城市建设与建筑探索。

1.1.1　本书缘起

杨秉德先生在《中国近代中西建筑文化交融史》论著中针对西方建筑文化的传

① 本课题属于住房和城乡建设部软科学研究项目"传统村落既有公共空间的演化及重构方略研究"(编号:2012R2-20.2012—2014)
② 干栏:文献《魏书》卷一零一记载:"依树积木,以居其上,名曰干栏。"[1]"干栏"建筑是一种下部架空的住宅建筑形式,人居楼上,楼下饲养牲畜。

1

播与影响提出了"中国近代主流城市"与"中国近代边缘城市"的基本概念,并论证了早期西方建筑对中国近代建筑产生影响的三条渠道:教会传教渠道、早期通商渠道与民间传播渠道。[2]

深圳在近代时期属于边缘城市,它所处的地理位置(中心文化的边缘地带)、自由的历史文化背景(移民社会)与近代英占香港的交流活动(外来文化因素),决定了其近代建筑有着与其他地区不尽相同的发展模式。它既不同于广州、南京、天津、上海、沈阳、青岛等近代受西方大资本投资青睐的主流城市,又不同于五邑侨乡(开平为代表)这种,以华侨投资为媒介受北美洲新兴资本主义国家建筑文化影响的中国传统乡村社会。深圳地区的近代建筑具备两方面的特征:一方面,深圳地区外来建筑文化被接纳的关键在于社会意识和风尚上的认同与欣赏,是对外来建筑文化的主动汲取而非被动接受;另一方面,深圳的近代建筑仍是基于传统的工匠体系而营造的,被汲取的外来元素,仅是在既有模式上的接纳,而未形成系统的转型。

相比通过通商渠道进入深圳的骑楼建筑(观澜为代表)及民间传播渠道进入深圳的侨乡建筑(沙井为代表),教会建筑的传入更早且广泛,并具备成体系传播的特征。作为一种伴随西方宗教文化传入深圳的建筑形态,它的传播广度受到基督宗教在地方民众中接受程度的影响。鸦片战争后西方教会大量涌入深圳地区,为与处在社会中下阶层的华人形成良好的关系,教会多以开设育婴堂、学校等公共慈善机构作为与华人接触的媒介。教会传教济世的态度受到地方民众的信任,为教会建筑在传统村落中的立足与发展提供了条件。同时,在近代深圳以紧密排他的宗族体系为主导的村落系统中,传教工作的成功进行通常意味着全村对基督宗教的接受,这使得带有明显西式文化色彩的教会建筑能够在整个村落中被接纳甚至推崇,从而影响传统村落的建筑风格与村落景观。

1.1.2 本书的意义

1) 学术价值

本书旨在系统地研究近代时期教会建筑所代表的外来建筑文化在深圳地区的传播与发展。一方面,对深圳近代教会建筑相关历史文献与建筑现状资料的系统收集可为以后的研究提供材料基础;另一方面,通过跨文化传播学这一交叉学科的综合研究,扩展深圳近代建筑历史与建筑文化研究的理论视野。

2) 实践意义

对深圳近代教会建筑传播及影响的探讨,是以教会建筑这一伴随西方宗教文化进入深圳地区的建筑类型为切入点,探寻深圳近代时期建筑"西方化"与"本土化"的相互作用。在深圳这样一个以移民文化为背景的地区,多元文化的传播与交流是这个地区文化发展的固有特性,民众对外来建筑文化的接纳、对先进建筑理念及技术的汲取以及对本民族建筑自身优点的坚持,对于深圳在全球信息交流的大背景下地域建筑文化的走向有着深刻而积极的借鉴意义。

同时,教会建筑见证了近代时期深圳外来文化与本土文化的交流,虽然作为一种宗教遗产,其规模和形制都不足以与上海、广州、沈阳等近代大城市的教会遗迹相提并论,但其建筑物本身对深圳近代建筑发展研究具有重要的价值。目前,多数教会建筑遗迹处于较为破落的欠发展地区,周边环境严重影响其生存,其中一些面临着被拆除的困境,另有大部分教会建筑已被拆除并在原址上新建教堂。本书希望通过对深圳近代教会建筑文化价值的发掘唤醒人们对其遗产保护的重视。

1.2 相关概念与研究对象

1.2.1 相关概念的释义

教会建筑是指其建筑及相应的活动隶属西方教会管辖,并在其使用期间或多或少具有宗教传播作用的建筑,既包括西式教堂建筑,又包括教会学校建筑(如神学院及各种新式校园建筑),公共事业建筑(如育婴堂、老人院、医院),及教士居所等。[3]针对深圳地区而言,现存的教会建筑遗迹里包含有教堂、育婴堂(图 1-1)、神学院及学校(图 1-2)、教师居所等,而大部分已发现的教堂,其实用功能上并非单纯的作为传教场所,通常兼具医疗、养老、育婴、教学等功能。一些传统村落亦多有教士租赁民居作为其传教布道场所的现象,很多房主接受传教士的影响,允许教士或自行对自家的房屋进行改造,增加一些外来建筑式样,亦在研究范围内。

图 1-1　南头古城天主教育婴堂主楼与大门

（自绘）

图 1-2　浪口虔贞学校主楼与大门

（自绘）

1.2.2　研究对象的界定

以教会建筑为切入点研究近代时期外来建筑文化对深圳地区传统建筑的影响,有几个限定条件需予以阐述:

1）研究时间范畴的界定

1840 年鸦片战争爆发,西方资本主义的入侵造成中国社会性质、文化及思想的巨变,通常在史学意义上,鸦片战争被认为是中国近代史的起点。1839 年深圳湾爆发中英九龙海战,揭开了第一次鸦片战争的序幕,直至 1950 年新中国成立次年宝安县解放,深圳地区都处于近代时期。社会性质的改变对建筑发展的走向具有重大的影响意义,因此史学范畴上的深圳近代起止点也能够作为建筑史学研究的时间节点。

2) 研究区域的界定

本书主要以当前"深圳地区"的范畴作为研究对象的地域范围(见图1-3),即包含近代属于东莞县和归善县的部分地区,而不将现今的香港地区纳入研究范围内。关于研究区域范围的界定有以下几方面的考虑:

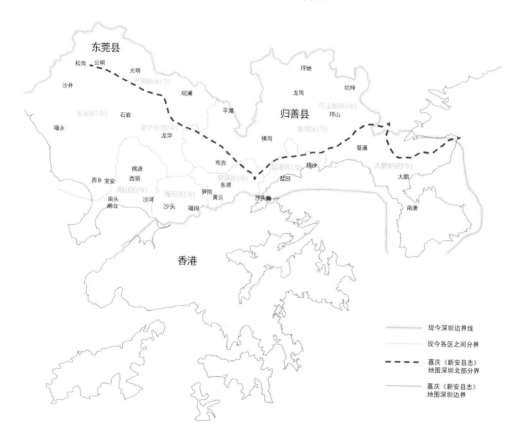

图1-3 深圳现代与近代地域范围变化图示

(自绘)

第一,本书研究的实物对象即建筑遗存是根据现状进行统计的。

第二,历史上东莞县、归善县与新安县疆域、建置均多有变迁,但其社会背景、历史发展及与海外文化的交流方面颇为相似,与新安县接壤的东莞县东南部及归善县西南部在近代时期又和新安县同属香港教区,其传教模式及教会建筑的建造具有近似的特点。

第三,香港虽与深圳同源,但在近代时期作为英属殖民地,其社会性质的差异决定了它与中国内地城镇截然不同的历史走向。作为近代远东基督宗教的传教本营,其教会建筑的建设通常直接与西方教会本部相联系,建筑形制更是直接借鉴西方宗教建筑,与深圳地区以及岭南其他地区的教会建筑均存在很大的差异。

3) 外来建筑文化

来自中国以外国家和地区的建筑文化均可视为外来建筑文化。在近代时期,深圳地区所受外来建筑文化影响主要来自西方国家,同时也包含一部分经由印度、菲律宾、马来西亚等地区传入深圳的融合有东南亚特色的西方建筑文化。在近代深圳建筑文化的历史发展进程中,外来建筑文化始终扮演较重要的角色,并通过碰撞、融合逐渐成为该地域文化中不可或缺的一部分。

4) 深圳本地传统建筑

研究外来教会建筑对本地传统建筑的影响也需对传统地域建筑作界定。深圳的传统地域建筑主要分广府和客家两大类型,另有一小部分福佬民居及湘赣民居的形制,其中广府民居主要分布在深圳西部,客家民居主要分布在东部,而在深圳中部地区有一些广客混合民居。传统建筑中比较有代表性的是民居和宗庙建筑,民居数量甚多,广府与客家民居各具特色又互相影响,形成深圳地区一些特有的民居形式;宗庙建筑一般因其重要性而具备更大的建筑规模和更高的建筑形制。

1.3 研究现状

1.3.1 关于深圳建筑史学的研究

对深圳近代的研究多集中于史学、社会学、经济学等方面,有关于深圳近代建筑历史方面的研究尚少,即使在建筑史学领域,对其研究亦多集中在历史事件的描述,对建筑本身的关注较少。深圳近代建筑史并没有得到充分研究的原因可能有两个:一是,深圳在近代时期并未被西方侵略者长时间占领,与沈阳、青岛、上海、香港等城市不同,其现存的近代历史文物、建筑遗迹稀少且分散分布,想要构建一个研究深圳近代建筑的完整系统比较困难。二是,深圳近代建筑的研究并未受到广泛地重视,不少人把深圳看作是从平地上建造起来的大都市,人们把目光投向了深圳一座座拔地而起的地标建筑上,而忽略了这个城市遗留下来的历史建筑遗迹。

1.3.2 近代教会建筑研究

尽管教会建筑是岭南近代中西方建筑文化交流的重要组成部分,但有关教会建筑的研究在建筑理论领域一直涉足较少。在针对教会建筑的理论研究与实例分析方面,代表性的研究有董黎的《岭南近代教会建筑》,他着重于社会文化角度,并结合对实例建筑形态的分析,对近代岭南教堂建筑、教会学校进行综合研究。此外,在有关岭南近代建筑的研究中,很多都会有涉及教会建筑的章节,如彭长歆的《现代性·地方性:岭南城市与建筑的近代转型》中对西方教会在岭南内陆的早期建筑活动、早期教会建筑及其中国化的设计风格做了研究;华南理工大学唐孝祥在其博士论文《近代岭南建筑美学研究》对近代岭南宗教与文化建筑及其发展动因进行探究。另外针对教会大学、医院的研究较多,但多针对于个体。

深圳地区自 1860 年起至建国前隶属香港教区,有关香港教会建筑的研究是值得借鉴的,如《香港史新编》第六章是由香港大学教授龙炳颐编著的《香港的城市发展和建筑》,在之中他对香港的城市规划和建筑的社会、历史文化内涵,以及 19 世纪影响香港城市景观的教会建筑的建设进行了概述。香港大学教授李浩然博士的《中华复兴建筑:香港中式基督教教堂的建筑由来》对中式复兴的香港基督教教堂进行研究。

有关其他城市教会建筑的研究多集中在上海、澳门、沈阳等近代主流城市;同济大学伍江教授的论著《上海百年建筑史(1840—1949)》,系统地探索了上海近代建筑形成和发展的动因,在对于初期西式建筑及设计问题中探讨了教会建筑在上海的发展;郑时龄教授的《上海近代建筑风格》一书中单独论述了近代上海教会建筑;东南大学刘先觉教授与澳门特别行政区政府文化局合作的论著《澳门建筑文化遗产》对澳门400年来建筑文化遗产的发展历程进行了系统地总结,分析了各种建筑类型的特征、建筑风格、建筑文化的共生与融合现象,以及澳门建筑文化遗产的地域性特色与成就,对澳门近代的宗教建筑有单独一章的论述。

1.3.3 中外建筑文化交流研究

中外建筑文化的交流主要发生在近代时期,研究近代建筑史有助于找出中国城市建筑形态巨变的根源和演变过程。同济大学伍江教授在《上海百年建筑史》一书中从政治、经济、社会和文化等方面入手,探索上海近代建筑形成与发展的动因,寻求上海近代建筑的演变轨迹,对上海近代城市与建筑的历史及其保护利用的研究具有重大意义。陈雳在其论著《楔入与涵化:德租时期青岛城市建筑》中分别从青岛建筑发展的脉络、中外建筑融合的足迹、青岛城市的形成、德租时期青岛建筑的风格与类型、德租时期青岛中西建筑的融合等五个章节进行论述。

在岭南近代中外建筑文化交流研究领域,无论针对建筑史实、建筑文化、建筑美学等理论研究,还是有关建筑特例的实证调查均有诸多研究成果,如华南理工大学彭长歆博士《现代性·地方性:岭南城市与建筑的近代转型》一书中在中国建筑现代转型这一宏大历史背景下,从岭南之一区域视角出发,考察岭南城市与建筑的近代转型及探索期发展的内在机制;唐孝祥在其论著《岭南近代建筑文化与美学》中,从文化和美学角度出发,通过理论层面的交叉综合研究及实践层面的实证调查研究,对岭南近代文化精神的价值系统、民众心理、思维方式和审美理想,及中国近代美学的时代特征、思想特征、理论特征和目标特征进行探究;程建军《开平碉楼:中西合璧的侨乡文化景观》一书分别介绍五邑侨乡、开平乡土建筑、开平碉楼、碉楼建筑艺术、环境景观、营建技术与防御、建筑物理环境分析等方面。

关于岭南民居的研究也是探讨近代中西建筑文化交流的基础研究之一,有助于揭示岭南传统建筑体系对外来建筑因素接受的动因。这一方面的研究成果是丰厚的,代表性论著有陆元鼎、魏彦钧的《广东民居》,对粤中、粤东、粤北等地的聚落与民居在深入调查的基础上进行理论研究和总结;另外还有针对以民系为主的岭南民居建筑与文化的研究,如潘安的博士论文《客家民系与客家聚落建筑》、王建的博士论文《广府民系民居建筑与文化研究》等。

1.3.4 建筑学与传播学的交叉研究

文化传播不同于技术传播,文化之间的碰撞与交流揭示的是人类自身发展的一种本质性问题,研究深圳地区教会建筑的传播与影响需要借鉴跨文化传播学的理论。在国内传播学理论研究领域,中国传媒大学教授孙英春《跨文化传播学导论》一书系统地梳理了跨文化传播学研究的理论基础与研究方法,其对跨文化传播符号、文化、社会、心理、技术、能力及全球社会等层面的研究,对于探究建筑学领域跨文化传播的背景条件和基本范式有借鉴意义;美国人类学家爱德华·霍尔(Edward Twitchell Hall)被认为是跨文化传播研究领域的奠基人,他的多本论著《隐匿的尺度》(*The Hidden Dimension*)、《无声的语言》(*The Silent Language*)、《超越文化》(*Beyond Culture*)都是关于跨文化研究的实用书籍,分别创造了"空间关系学"概念、"历时性文化"概念、"发展转移"概念,对于多种学科的跨文化传播研究均具有指导意义。

1.4 研究创新点与具体方法

1.4.1 研究创新点

本书研究并非是针对于一种建筑类型的研究,研究重点亦不局限于教会建筑功能、形式、构造等具象的物质因素,而是通过对教会建筑的建造历史,教会建筑及受教会建筑影响的传统建筑的物质空间、建筑形式、建造的思想观念的探究,并从交叉学科综合研究的角度,探讨外来建筑文化在深圳地区的传播与影响,揭示深圳地区传统建筑对外来建筑文化吸收与接纳的基本范式。

1.4.2 研究方法

本书研究需要使用的研究方法具体有以下几种:文献资料研究法、实地调查法、描述分类法、比较总结法,及交叉学科理论研究法。

1) 文献资料的收集与运用

文献研究法主要指搜集、鉴别、整理文献,并通过对文献的研究形成对事实的科学认识的方法。在文献资料的研究中通常按其性质、内容加工方式、用途大致可分为零次文献、一次文献、二次文献和三次文献。[4]零次文献即曾经历过特别事件或行为的人撰写的目击描述或使用其他方式的实况记录,是未经发表和处理的最原始的资料。本研究中对于深圳近代传教历史进程的探究中使用的部分原始资料来源于香港天主教档案馆中的传教士笔记,以及作为研究地图基础资料的 1866 年米兰外方传教会和[安西满](Simone Volonteri)神父①绘制的《新安县全图》,即为零次文献;一次文献也称原始文献,一般指直接记录事件经过、研究成果、新知识、新技术的专著、论文、调查报告等文献,例如本研究中使用深圳市第三次文物普查报告分析教会建筑遗存现状分布,即为一次文献;二次文献又称为检索性文献,是指对一次文献进行加工整理,包括著录其文献特征、摘录其内容要点,并按照一定方法编排成系统的便于查找的文献,研究中所参考的地方史志包括天顺《东莞县志》、康熙《新安县志》、嘉庆《新安县志》及《宝安县志》即为此种类型的资料;三次文献也称为参考性文献,是在利用二次文献检索的基础上,对一次文献进行加工整理并概括论述的文献,具有主观综合的性质,有关研究的论著、论文均属此种文献资料。

---

① "和"字取自 Volonteri 神父姓氏首字母的客家话音译,"安西满"即"神父"之意[14]

2）实地调查法

实地调查是应用客观的态度和科学的方法,对某种社会现象,在确定的范围内进行实地考察,并搜集大量资料用以统计分析,从而探讨社会现象。实地调查是在传播研究范围内,研究分析传播媒介和受传者之间的关系和影响。实地调查的目的不仅在于发现事实,还在于将调查经过系统设计和理论探讨,并形成假设,再利用科学方法到实地验证,并形成新的推论或假说[5]。建筑本体是研究中可以考证的基础资料,本课题对深圳地区范围内的教会建筑遗存及所在村落进行全面地现状调研、测绘,并对使用者或周边住户进行访谈,以获得对建筑建造背景及环境、建筑形式及构造、建筑使用状况等基本研究资料,为进一步分析探究提供条件。

3）比较总结法

比较是在分类分析的基础上对不同类型的建筑进行比对,探究其相同与不同之处,总结则是进一步分析归纳建筑的普遍特点和规律。研究纵向比较近代不同时期教会建筑传播与影响的基本特征,并对同一时期不同地区的教会建筑进行横向比较,以总结深圳地区近代教会建筑传播与影响的一般规律。

4）描述分类法

分类方法是指通过比较事物之间的相似性,把具有某些共同点或相似特征的事物归属于一个不确定集合的逻辑方法。依据建造年代、建造者、建筑功用或建筑形式将建筑物进行分类,使研究更具条理化,并有助于揭示建筑物质元素背后的基本规律,也为进一步在实地调研中认识和分辨相同类型建筑提供向导。

5）交叉学科理论研究法

教会建筑的传播与发展基于基督宗教文化在本地区的接纳程度,其本质上是一种跨文化传播现象。研究不仅仅是从建筑的角度出发,其发展历程与传播范式具有超脱于建筑物本身的基本规律,涉及文化传播与跨文化传播的基本知识和定律。以跨文化传播研究为基础,探讨文化传播的前提、基础与条件,有助于从宏观层面上分析和研究西方宗教建筑文化在深圳地区传播的基本特性。

1.5 研究内容与框架

1.5.1 研究内容

本书研究以深圳近代教会建筑为研究对象,并从交叉学科综合研究的角度出发,探讨深圳地区近代时期以传教为媒介的外来建筑文化在深圳的传播及影响,并进行系统而全面的研究。

第一章为绪论,主要论述深圳近代教会建筑传播与影响研究的研究背景、研究意义、研究现状、研究内容,并对研究对象进行界定。

第二章为教会建筑传入深圳地区的背景条件研究,以深圳近代传统村落体系为基础,通过对近代深圳地区传教历史文献资料的收集整理,以及对现状建筑分布情况的统计,探究教会建筑传入深圳地区的背景条件,以及基督新教与天主教自下而上与自上而下两种不同的传教思路。

第三章介绍深圳地区近代教会建筑发展历程,历时性地考察教会建筑在深圳的传播过程,结合对深圳近代教会建筑文献资料、现状遗存的收集、整理和分析,研究近代时期教会建筑在深圳地区传播与影响的历史。

第四章是对深圳地区现存近代教会建筑典型实例的分析,通过建筑的实地调研和测绘,对建筑的物质空间(建筑类型与功能、建筑选址与周边环境、建筑平面)、建筑形式(建筑立面、建筑构件、建筑结构、建筑材料)以及建筑背后的建造理念进行分析与探讨。

第五章探究教会建筑影响实例与范式,首先通过对建筑文化传播学理论的研究,探讨文化传播的前提、基础与条件,从宏观层面上分析研究西方宗教建筑文化在深圳地区传播与影响的基本特性;并进一步探究教会建筑对深圳近代传统地域建筑文化的影响,并揭示深圳地区传统建筑对外来建筑文化吸收与接纳的基本范式。

1.5.2 研究框架

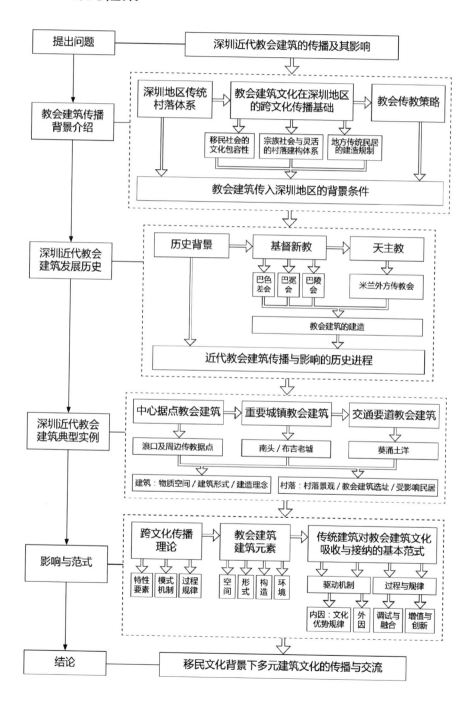

——第二章——
教会建筑传入深圳地区的背景条件

2.1 深圳地区传统村落体系

相比于北京、上海、南京、广州等近代政治中心传教活动主要受官方主导的特征,传教士在深圳地区的传教活动大多数是从民众基层出发,较少有政府参与。深圳近代隶属香港教区,当时为新安县属地,香港各传教会派遣教士深入新安县广大村落中传播福音,部分传教士在村落长期定居,租赁或修建房屋进行传教、教育及慈善活动。差会教士对传教村落的选择会综合各种条件,如政治、经济、商贸、交通、民俗、宗教、宗族状况等,有时也会受到一些偶然因素的影响。因此,研究教会建筑的传入和分布情况首先要基于对深圳近代村落体系的了解。

2.1.1 新安县全图的绘制

在西方的文明及知识的传递上,科学、宗教和商业的互相合作上,毫无疑问,地理学对该等活动贡献不浅,探讨深圳地区近代的村落体系需要有地图作直观分析。在 1910 年港英政府完成地形测绘以前,新安县唯一一份出版过的地图是由意大利籍和神父(见图 2-1)在 1863 年—1866 年间绘制的《新安县全图》(见图 2-2),这份地图描绘了幅员 750 平方英里内约 900 多个定居点,基本覆盖新安县全境以及 1842 年割让给英国的香港岛和 1860 年割让的九龙半岛。地图绘制完成后于 1866 年由德国石印出版商出版,现今这些地图中一幅收藏在罗马的意大利地理学会，其余的则存于伦敦皇家地理学会，及澳洲堪培拉国立图书馆。深圳档案馆现存影印版本，并将其复印件于深圳博物馆"近代深圳"展厅中展览，本研究所用的是出版在《深圳地名志》上的影印版本，以此地图为基底还原深圳地区1839年左右的村落分布情况。

图 2-1　河南宗座代牧和[安西满]主教
（图片来源:《从米兰到香港》）

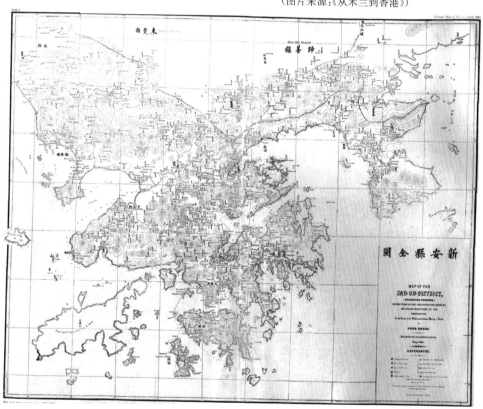

图 2-2　1863—1866 年意大利天主教和神父绘制的新安县全图
（图片来源:《深圳地名志》）

1) 和神父与深圳

和神父 1860 年 2 月 7 日抵达当时作为英国殖民式统治地区的香港,并开始参与到天主教米兰外方传教会在香港及中国内地的传教活动中,他在香港及新安地区仅停留了几年就离开北上,于 1869 年被任命为河南宗座代牧,之后一直服务于河南教区至 1904 年结束其传教生涯。与他作为主教在河南多年成功的传教工作相比,其在香港及新安的早期工作以及在地理学上的贡献常会被人忽略。在 1860 年至 1869 年的 9 年间,他先后建立了 9 个大陆传教点和 1 个天主教岛(盐田仔①),这些村落主要集中在当时还属于新安县的新界地区②,如太和(1861—1863 年)、汀角(1863—1864 年)和西贡(1865—1869 年)等。他在被派遣到香港后立即学习了客家话,但并未能顺利在大陆传教,又进一步学习了广州话和鹤佬话,1865 年以后,和神父开始穿着唐服传教。并且,在 1863—1866 年 4 年间,为认识各地形及地方之间的真实距离,他在梁子馨神父及一位当地翻译的陪同下走遍各地及高山考察,以求精确地绘制他的地图。

1863 年和神父在碗窑工作时经历的一件事情使他与新安县县府南头产生了一些关系。1869 年新安县南头官员派遣一位文员到大埔区办一些公事,这位文员要求和神父接待住宿。在停留汀角的 15 天内,他在空闲时聆听和神父向学生教授要理,并随手浏览传教站的一些教理书籍。但和神父却没有主动向他传教。告别时,他表示很赞赏和神父给他自由思索的空间,使他反而强烈地希望成为教徒。离开汀角后,他开始学习教理,一年后结果领了洗。[6]

2) 地图绘制背景

伦敦大学东方及非洲研究学院吴(Ronald C Y Ng)教授在 *The San on Map of MGR. Volonteri*[7] 一文中针对和神父的地图进行了分析,他指出地图上的网格经度是准确的,而纬度相比实际有约 2′ 的偏差,据此推测他使用了早前已测绘地图

---

① 客家陈氏家族于 15 世纪从北方移居广东五华,于 18 世纪再移至深圳观澜。19 世纪陈氏 3 支分别移居西贡盐田仔,大埔盐田仔(近船湾避风塘)及上水坪洋(打鼓岭)。迁移到西贡墟对面盐田仔小岛的陈氏家族,在岛上开辟了六亩盐田,是香港地区五个盐田之中最小的一个。客家陈氏家族在盐田仔以产盐及捕鱼为生
② 1898 年《展拓香港界址专条》中割让给英国,属香港

的网格而非自己亲自测量,同时也指出该地图应并非来源于在此20年前由英国政府测绘的香港地图,因为英政府所测地图有着精确的经纬度。由《新安县全图》上标注的海洋水深标度可推断此底图很可能来自军方背景。另外,地图中大鹏湾、尖沙咀、沙田海、白沙湾及维多利亚港东部的海岸线不准确,部分水体名称仅有英文名称没有中文译名,极有可能是由于军方测量还未完成。和神父可以从权力机构取得信息量的多少决定了地图的准确性,这取决于他所处的传教环境及能够从当权者那里获得多少资金支持。除此之外,地图上的中英文双语地名的标注情况也是值得关注的,从地图上北面的边界线正中向西南角画一条分界线,可以看出分界线东侧的村落名称及位置都是有已存的准确记录的,而西侧的一些村落名称和地理位置并不准确,这之中有一些中文译名并非来自中方记录,而是采用了临时音译方法,这些译名来源于和神父此行的搭档中国籍梁子馨神父的贡献。

　　3)《新安县全图》的绘制内容与绘制目的

　　在这幅地图中仅有五处被标注出的教堂,新安县及香港岛范围内有相当数量的教堂没有被标注出,这显示该地图并非是天主教会的传教情况记录,绘制过程本身并未过多受到宗教因素的影响,因此地图的表现可被认为是客观公允的。和神父在地图中重点记录的一些方面很值得关注:首先,标注的所有居住点详细区分了政治中心城镇、中型商业村镇、小型商业村镇、码头及普通村庄等,这种区分显示了他的分级策略,也侧面凸显出他对政治、商业、贸易交通等因素有可能对传教产生的影响的考虑;其次,他详细描绘了连接主要城镇与村落的重要道路和山路,这与天主教教会建立传教根据点,然后向周边村落辐射传教的策略极其相关;另外,地图中绝大部分地名都标注了中文名,这幅地图是为英文使用者绘制的,中文名称的标注使得地图成为外国人的一个地名辞典。

　　《新安县全图》作为深圳近代第一幅使用现代测绘技术绘制的地图,虽然能比较完善地还原近代早期深圳地区的地域风貌,但仍有大量的村落没被标注,有一些村落的名称也不太准确。并且地图仅是对聚居点地理位置、商业地位的客观描述,村落的行政区划和分级体系没被表现,但在近代的深圳除了商贸因素外,行政划分、宗族归属对村落体系的影响也颇为巨大。为了还原深圳近代的村落体系,还需要更多的资料进行补充,一方面对村落名称进一步核实添补,另一方面对村镇行政区划进行整理。这些内容将在下面论述中参照 1818 年嘉庆《新安县志》的记载进行系统地梳理。

2.1.2 清嘉庆《新安县志》所载村落情况

本书所探究的时间范畴始于 1839 年。新安县自明万历元年(1573 年)至清代,历史上共有 5 次修志,至今仅存清康熙二十七年(1688 年)知县靳文谟所修之《新安县志》与清嘉庆二十三年(1818 年)知县舒懋官所修之《新安县志》(又称《续新安县志》)。嘉庆年间版《新安县志》与研究范畴起始时间最为接近,1818 年至 1839 年逾二十年时间内,新安县建置未有较大变更,所载村落名称与现有村落亦有较高的契合度,通过与 1866 年和[安西满]所绘《新安县全图》进行比照①,可进一步厘清近代早期本地区的传统村落体系,为书提供研究基础。经比对,这一时期新安县境内共 917 个居住点,其中嘉庆《新安县志》记载有 846 个,在这些村落中有 687 个能够复原,剩余的 230 个村落中部分今属香港地区,另有一些村落或已消失而未能还原(见附录一)。

据嘉庆《新安县志·舆地图·疆域》所载:"邑地广二百七十里,袤三百八十里。东至三管笔海面二百二十里,与归善县碧甲司分界。西至矾石海面五十里,与香山县淇澳司分界。南至担杆山海面三百里,外属黑水大洋,杳无边际。北至羊凹山八十里,与东莞县缺口司分界。东北至西乡凹山一百五十里,与归善县碧甲司分界。西南至三牙牌山一百二十里,与香山县澳门厅分界。西北至合澜海面八十里,与东莞县缺口司分界。东南至沱泞山二百四十里,与归善县碧甲司分界。"[8]当时的新安县包括现今深圳的大部分区域、东莞县及归善县部分区域和香港地区,邑地隶属广州府,嘉庆《新安县志》中记载了 570 余个本籍村落与 270 余个客籍村落的名称,其分属县、丞、典史、两巡检属下②。

---

① 和[安西满]所绘《新安县全图》中所绘村落中与嘉庆《新安县志》村落基本对应的有 298 个。
② 这种由知县的佐贰官(县丞、主簿)以及属官(典史、巡检等)分驻重要市镇形成基层官署的做法,在清代尤其广东地区较为普遍。见:贺跃夫. 晚晴县以下基层行政官署与乡村社会控制. 中山大学学报(社会科学版),1995(4):82-88

1）县丞管属村庄

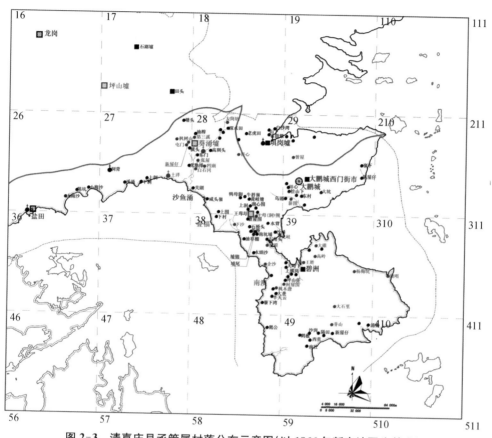

图 2-3　清嘉庆县丞管属村落分布示意图(以 1866 年新安地图为基准)
(笔者自绘,底图为《新安县全图》,村落名称考自嘉庆《新安县志》)

* 行政中心 ✿　本籍中型墟市 ▨　客籍中型墟市 ▨　本籍小型墟市 ■　客籍小型墟市 ■　本籍村庄 ●　客籍村庄 ●　本籍传教据点 ♠　客籍传教据点 ♠　清代海岸线 ━━━━　清代地域边界 ＝＝＝＝　今地域边界……………

　　县丞,是一县之中仅次于知县的官员,正八品,与知县主簿分掌一县之粮马、税征、巡捕、户籍等事务[9]。县丞署驻大鹏城,其管辖范围覆盖今大鹏半岛大部分地区①及盐田一带,三面环海,北面与归善县相邻,共有本籍村庄 60 个,客籍村庄 44个(见图 2-3),其客籍村庄的比例较新安县其他区域高出很多。清康熙初年迁界,新安县属地近三分之二皆在其中,大鹏半岛的村落亦基本荒废,嘉庆《新安县志》所

———————————
①　堨岗墟(今坝光)当时属归善县境

载该地区村落有一大半皆在康熙末年复界后至嘉庆年间建成,其客籍村落的居民基本是由招垦政策招募来此地的广东、福建及江西的移民。

该地区村落大多集中分布于主要的几个墟市周边,形成大的聚落,且由于大鹏半岛自北至南三条东西走向山脉的阻隔,聚落之间联系并不紧密。在这几个墟市中,葵涌墟明代时即已存在,且长期作为大鹏半岛唯一的墟市,至嘉庆年间又新增大鹏城西门街市、碧洲墟与王母圩,其中王母圩规模最大。大鹏半岛海路便利,但与新安县其余地区沟通不便,往县城的海路早在康熙年间已无船可渡,陆路则需步行翻越梅沙尖、九墩岭一带的高山峻岭,一般最短需花费四天才可到达县城,因此大鹏半岛基本呈独立发展的态势。

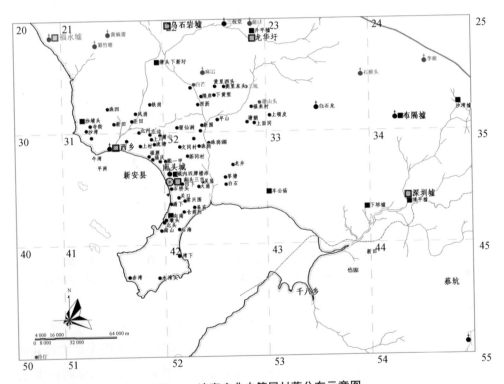

图 2-4　清嘉庆典史管属村落分布示意图

(笔者自绘,底图为《新安县全图》,村落名称考自嘉庆《新安县志》)(以 1866 年新安地图为基准)

　 * 行政中心 ⊕　本籍中型墟市 ▨　客籍中型墟市 ▨　本籍小型墟市 ■　客籍小型墟市 ■　本籍村庄 ●　客籍村庄 ●　本籍传教据点 ●　客籍传教据点 ●　清代海岸线 ━━━　清代地域边界 ━━━　今地域边界 ┈┈┈

2）典史管署村庄

典史设于州县，为县令的佐杂官，不入品阶（九品之下），原本职责是"典文仪出纳"，明清两代均设置典史，是知县下面掌管缉捕、监狱的属官[9]。典史廨在南头城内，管属区域主要包含现今以南头古城为中心的南山区大部分区域，以及宝安区的新安街道、西乡街道的部分区域，面海背靠座山阳台山（羊台山），属于当时新安县城的中心。治下共辖本籍村庄67个，客籍村庄6个（见图2-4），客籍村庄较其他区域所占比例很低，且基本分布于西沥（西丽）以北、羊台山山系的南麓，基本皆是清初由广东河源紫金迁徙而来的张姓客家人。

该区域主要以南头城及西乡墟为中心，村落密集且大部分最晚至明朝已存在。由沿海至内陆村庄沿水系分布，县城东西向往来皆通衢之路，北至留仙洞侧有公凹通白芒①。南头海在南头城外一里，两粤诸水合珠江，经虎门，绕南山，逶迤而东[8]，海陆交通皆便利。

3）福永司管属村庄

福永巡检司署，在福永村南，离县治三十余里，原为屯门固戍寨，明洪武三年改为巡检司署。[10]其所辖区域包括今沙井街道、福永街道、石岩街道、松岗街道大部分地区，以及公明街道、龙华新区和光明新区的部分地区。共有本籍村庄154个，客籍村庄31个（见图2-5），以本籍村落为主，客籍村落呈带状分布在自福永墟至龙华圩的羊台山北麓至佛子凹一线②，这些村子坐落在山水环绕之中，村落布局是广府式排屋与客家式围屋的结合，据推测应为广府人迁海时留下的，复界后客家人迁入并逐步扩建，使其具备广府与客家村落的双重特征。

福永司管属区域较其他地区村落更为密集。重要墟市及村落沿两条主线发展：一条是沿海岸线，自南至北由福永墟至沙井墟至黄松岗墟，村落成组团聚集；另一条线为福永墟向东至乌石岩墟再至龙华圩一线，这条线穿于阳台山（今羊台山）系，村落沿线成条带状；另有一些村落聚集在公明盆地。该区域的陆路交通也以沿海一线及羊台山北麓至佛子凹一线为主，并且渡口众多，海路交通便利。

---

① 见：嘉庆《新安县志·山水略》:703
② 位于二都和三都的交界处，见：嘉庆《新安县志·山水略》:703

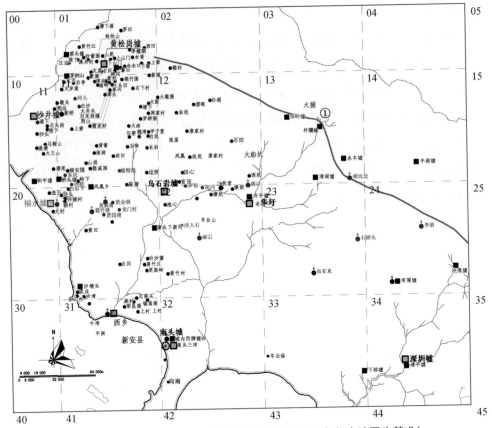

图 2-5　清嘉庆福永司村落分布示意图(以 1866 年新安地图为基准)

(笔者自绘,底图为《新安县全图》,村落名称考自嘉庆《新安县志》)

＊行政中心⊕　本籍中型墟市▧　客籍中型墟市▨　本籍小型墟市■　客籍小型墟市■　本籍村
庄●　客籍村庄●　本籍传教据点♠　客籍传教据点♠　清代海岸线▬▬▬　清代地域边界▬▬▬　今
地域边界⋯⋯⋯

4) 官富司管属村庄

　　官富巡检司署在赤尾村②,离县治三十余里,原署在县治东南八十里,为官
富寨,康熙十年,巡检蒋振元捐俸,买赤尾村民地,建造今署。官富司管属区域
面积最大,自西向东横跨龙华圩、观澜南部、清湖墟南部、平湖墟南部、布隔墟、
深圳墟、盐田西部等地,北邻东莞县与归善县③,辖 301 个本籍村庄与 194 个客

---

①　杆欄墟。即现今的深圳观澜。
②　在今福田区上步南路。
③　今惠州惠阳县。

籍村庄(见图 2-6,图 2-7),客籍村落以布吉墟为最多,其他墟市周边亦有客籍村庄散布。村落聚集在这些重要的墟市周边,呈几个大的组团分布,彼此之间交通联系便利。

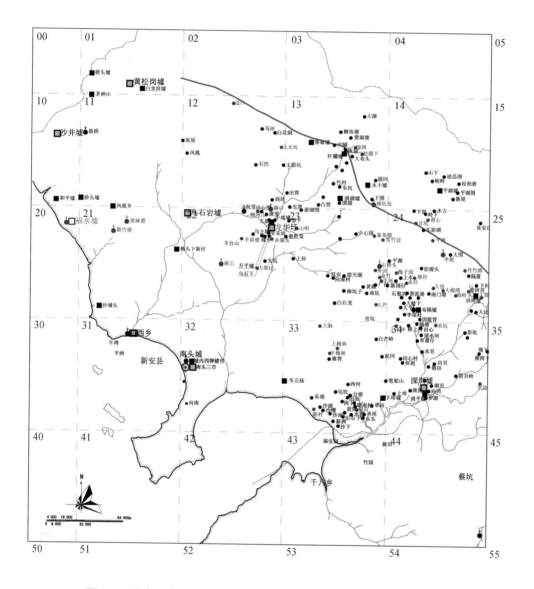

图 2-6　清嘉庆官富司村落分布示意图一(以 1866 年新安地图为基准)

(笔者自绘,底图为《新安县全图》,村落名称考自嘉庆《新安县志》)

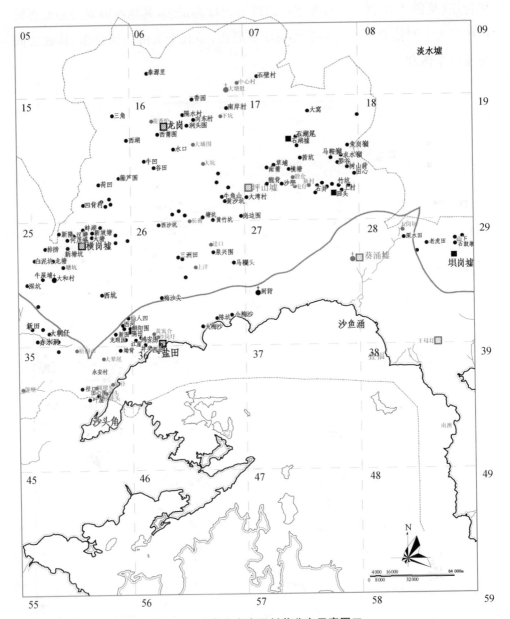

图 2-7　清嘉庆官富司村落分布示意图二

（笔者自绘，底图为《新安县全图》，村落名称考自嘉庆《新安县志》）

＊行政中心⊛　本籍中型墟市▨　客籍中型墟市▨　本籍小型墟市■　客籍小型墟市■　本籍村庄●　客籍村庄●　本籍传教据点†　客籍传教据点†　清代海岸线━━━━　清代地域边界━━━━　今地域边界⋯⋯⋯⋯

这一时期每一个管属区域内都有一些重要的村镇作为该地区的政治中心、商贸中心、文教中心或交通中心等，往往在一个区域内起到统筹的重要作用。当然，一方面这些重要的村镇会发生历时性的变化，有一些村镇衰落退化，也有一些村镇发展壮大；另一方面，一个村镇在区域中的功能往往具有复合性，其占有的高度集中的物质条件很有可能使其成为多重功能中心。表2-1中将对这些村镇进行分类整理。

表2-1　深圳地区清中后期重点村镇分类统计表

类型	所处辖区/路径、津渡	村镇名称	备注
政治中心	县丞管属区域	大鹏所城	自明洪武二十七年（1394 年）至清光绪二十四年（1898 年）
	典史管属区域	南头城	自东晋咸和六年（331）至1956 年
	福永司管属区域	福永墟	自明洪武三年（1370 年）至民国元年（1912 年）
	官富司管属区域	赤尾村	自清康熙十年（1671 年）至民国元年（1912 年）
商贸中心（墟市）	县丞管属区域	大鹏城西门市街、王母圩、葵涌墟、盐田墟、碧洲墟、坝光墟	葵涌墟、盐田墟见于康熙《新安县志》；大鹏城西门市街、王母墟、碧洲墟见于嘉庆《新安县志》，为两志修纂之间新建；坝光墟原属归善县境（惠州），现名坝岗
	典史管属区域	城内四牌楼市、南头三市（南头旧市、南头中市、南头新市）、西乡墟（西乡大庙前市）	"四"同"市"，城内四牌楼市即旧志①城内市和牌楼市，南头旧、中、新三市，西乡大庙前市亦见于旧志
	福永司管属区域	茅洲新市、茅洲旧市、和平墟、白灰洛、周家村墟、疍家朗墟、沙井墟、云林墟、望牛墩墟、清平墟、新墟、白龙岗墟、黄松岗墟、桥头墟、碧头墟、福永墟、乌石岩墟	茅洲新旧二市、和平墟、白灰洛、周家村墟、疍家朗墟、云林墟、望牛墩墟、黄松岗墟、碧头墟见于旧志，其中白灰洛、周家村墟、疍家朗墟已废；沙井墟、清平墟、新墟、白龙岗墟、桥头墟、乌石岩墟见于新志②

---

① 旧志即康熙二十七年《新安县志》。
② 新志即嘉庆二十三年《新安县志》。

续　表

类型	所处辖区/路径、津渡		村镇名称	备注
商贸中心（城市）	官富司管属区域		下步墟、月岗屯墟、深圳墟、石湖墟、清湖墟、平湖墟、永丰墟、塘头下新圩	下步墟、月岗屯墟、深圳墟、清湖墟、平湖墟、永丰墟见于旧志，其中下步墟已废，石湖墟为旧志天岗墟移来，塘头下新圩旧志中原为塘头下圩
文教中心	典史管属区域		南头城、西乡墟、固戍村	南头城有学宫及"凤岗书院""文岗书院"，西乡墟与固戍墟有义学
	福永司管属区域		碧头墟	碧头墟在黄松岗，有义学
交通中心	县丞管属区域	盐田径、叠福径、西向径、凹下径、径心凹	大鹏所城、葵涌墟、沙鱼涌、盐田墟	此区域交通中心皆处在海路与陆路交汇处
	典史管属区域	公凹、南头渡、佛山渡	南头城、西乡墟	此区域交通中心皆处在海路与陆路交汇处
	福永司管属区域	佛子凹、茅洲渡、乌石渡、碧头渡、岗头渡、茅洲田尾渡	福永墟、乌石岩墟、碧头墟、黄松岗墟	福永墟、乌石岩墟在佛子凹及阳台山北麓一线，是由西部沿海地区至龙华圩的重要通路；碧头墟、黄松岗墟接东莞
	官富司管属区域	黄萌径、莲花径、黎峒径、樟坑径、马路径、莆隔径、梅林径、竹头径、扶地凹、佛凹下步渡、新田渡、白石渡、皇岗渡、罗湖渡	龙华圩（升平墟）、樟坑径、布隔墟、深圳墟、平湖、横岗、龙岗、坪山①	皆为陆路重要交通集散点，广九铁路通车后，深圳墟、布隔墟火车站，成为沿线重要的交通节点

（内容考自康熙《新安县志》与嘉庆《新安县志》）

2.1.3　清中后期深圳地区的传统村落体系

　　清代地方政权最低一级为县，国家对县以下的行政区划没有统一规定[11]。清康熙以前，新安县沿用明代"乡-都-图"三级制的行政层级，清中叶后改为由县丞、

---

①　1866 年地图中，平湖、横岗、龙岗、坪山属旧善县（今惠州）。

典史、福永巡检司及官富巡检司分别驻守重要城镇直接管辖村庄。虽建置各异,但经历史上长期的发展变迁,至近代前逐步形成了稳定的村落体系,村庄或围绕重要村镇,或沿海路、陆路、水系成带状分布,或少量散落于盆地、山坳中(见图2-8),构成众多组团。组团与组团之间由于地理、交通、政治、宗族、文教、商贸等条件形成或亲密或疏离的关系,从而建构起更高一层的体系。

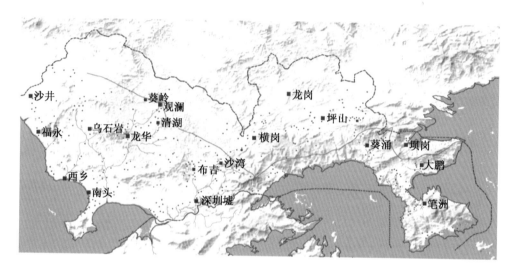

图2-8 深圳地区地貌图
(底图来自国家测绘地理信息局监制"天地图"官网)

1) 以重要村镇为中心的村落组团

这些重要村镇一般在村落组团中都担负着特殊的角色:或为政治中心,或作为商贸集散地,或拥有学宫、书院等文教设施,或拥有周边村落共同供奉的宗教庙宇。这些不同的公共设施对周边村落的影响能力各异,深圳历史上一直处在中原中心区域的边缘地带,并且作为移民社会聚集着不同文化背景的人群,政治对人的约束较中原地区薄弱很多;书院等文教设施在清以前多是家族性的,很难影响周边村落,清代后建立的大型书院与学宫数量也很少①;商贸和宗教信仰通常会成为联

---

① 嘉庆《新安县志》记载学宫"在邑城(南头城)东门外,坐文岗而朝杯渡";书院两座,为在城(南头城)西五通街的"文岗书院",和在城南和阳街的"凤岗书院";义学七处,分别在邑城、西乡村、固戍村、归城下村(未知孰是)和碧头村。

系不同村落的重要因素,并以商贸的影响力为最强。(见图 2-9,图 2-10)

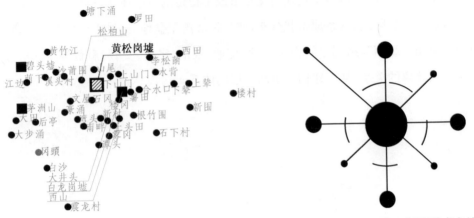

图 2-9　黄松岗墟与周边村庄形成的组团
(笔者自绘)

图 2-10　中心组团示意图(笔者自绘)
(笔者自绘)

　　这种形态的村落系统主要是以中心城镇向外辐射发展的,彼此之间交流频繁,尤其易形成自中心向周边村落辐射的文化传播现象。

　　2)沿海路、陆路、水系成带状分布的村落组团

　　古村落选址时会综合考虑地貌、水文、土壤、交通、防御等因素,有些村落在择址时由于受资源条件的限制,较难形成类似于平原地区成规模的辐射性村落组团,为有利于村落的资源获取必定会趋近于水系、道路沿线。这些村落通常呈带状分布,村落本身的形态也会沿水系、道路向两侧自然发展,较少跨越这些界线(见图 2-11,图 2-12)。

图 2-11　福永墟、乌石岩墟至龙华圩的羊台山北麓至佛子凹一线村落组团
(笔者自绘)

　　深圳地区有约 230 公里的海岸线,早期村落与海域有紧密的联系。其早期遗址不少与海洋有关,如盐田区的大梅沙遗址、南山区的向南村遗址、内伶仃遗址、赤

图 2-12　带状村落组团示意图
（笔者自绘）

湾村遗址等。很多重要的墟市也都是沿海而建的,如福永墟、西乡墟、盐田墟、南澳墟、碧洲墟等。南宋以后航海事业有了大的发展,沿海而建的村落受益于海洋贸易而繁荣,沿海岸线延伸发展的村落也逐渐形成带状村落组团。

　　带状村落组团由于以交通要道为主线,村落虽不集中布置,但村民日常劳作、赶墟依赖交通要道或水系,彼此之间形成较多的联系,因此易形成村落与村落之间对等的文化交流。

　　3）散布于盆地、山坳中的村落组团

　　深圳地形东南高西北低,东部多低山高丘,西部为台地、低谷与平原。历史上曾有众多从中原避祸而来的移民,他们具备较强的心理防御意识,通常会避开村庄聚集的平原地区建村,由于又受中原传统村落规划的风水意识的影响,面水背山的山麓地带成为他们择址的理想村落环境,另外有肥沃耕地与充沛雨量的盆地也是较好的选择。但由于有山体阻隔,这种村落组团对外交通不畅,因此缺乏与外界的交流,在发展过程中逐渐形成独立的村落体系。深圳东部的大鹏半岛山地众多,根据地理环境分为若干个区域,如西部的犁壁山山地海岸区、葵涌盆地,东北的排牙山山地,中部的王母低丘台地和南部的七娘山山地,除葵涌盆地和王母低丘台地有较大面积的平原和低坡丘陵外,其余区域受地貌影响,村落较为分散(见图 2-13),彼此之间的联系亦不紧密,因此难以形成密切的文化交流。

　　4）多元并置的村落系统格局

　　古村落之间存在着以共同市场为基础的物质联系,以拥有共同信仰及其祭祀活动为基本内容的精神联系,除此之外村落之间的联系还包含有文教、宗族等内容。而依据这些不同的联系,我们可以将它们划分为不同的村落共同体。[12]

　　首先,在大多数情况下,一个区域不同的功能中心不一定是完全重合的,其府

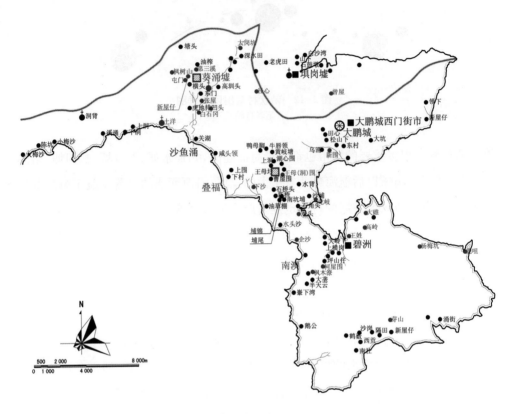

图 2-13　大鹏半岛的村落组团
（笔者自绘）

衙、墟市、寺庙、书院可能位于不同的地点,例如在大鹏半岛所属的县丞管属区域,其政治中心始终在大鹏城,但同时拥有大鹏城西门街市、葵涌墟、王母圩、碧洲墟等多个墟市,且以王母圩规模为最大,大鹏城西门街市反而建墟较晚。

其次,不同的功能中心所联系的村落不一定重合,即一个村落有可能分属于不同的政治、经济、文教、信仰中心。例如位于乌石岩墟与龙华圩交界的三祝里村,其属于福永司的乌石岩墟管辖,但由于受到交通因素的影响,通常选择龙华圩为其商品交换地,并且作为龙华浪口巴色差会的一个分支传教点。

再者,一个区域的村落体系会随着时间的推移而发生变化。墟市作为农村商品的交换地,其兴衰会受到宗族、地理、气候等多方面的影响,政治中心也会随着历朝历代建置变革而发生变化。深圳现今西北部的公明区历史上曾出现过多个墟市,以白石岗墟附近的丰和圩最为兴旺,后因宗族纠纷而废,村民集资在合水口村建墟,初名"公平圩",即为现今公明中心区的前身。并且,清嘉庆时,福永司与官富司都曾易地建署,政治中心也随着廨署的迁移而发生变更。

但也有一些例外,当一个区域的中心有高度集中的优势条件时,它可以同时作为这一区域的政治、文教、经贸、信仰中心,深圳地区的南头古城就是这样一个例子。然而其作为不同功能中心的影响力和影响范围是不同的,当作为当时新安县的政治和经济中心时,其影响范围几乎可覆盖全县,而作为天主教的一个传教中心时,其影响范围受到地域限制,附属南头天主教堂的教众主要来自周边地区和蛇口地区。

2.2 教会建筑文化在深圳地区的跨文化传播基础

2.2.1 不同族群的文化包容性差异

近代深圳地区生活着四个不同的族群,分别为本地人(即广府人)、客家人、福佬人和疍家人,这四个族群究其本源无一例外都是由别处移民而来。从秦代开始,岭南地区历史上共经历过四次大的移民潮,分别发生在秦汉时期、两晋南北朝时期、宋元时期与明朝末年。其中宋元时期的移民对岭南民系结构的形成起到最大的影响,初步形成了广府、福佬、客家三大民系,在港湾、江河沿岸还有一部分疍家人,以捕鱼航海为业。深圳地区的广府人早在唐宋时就来此定居,拥有北部与西部平原地带最好的农垦地区,具有强大的经济与文化优势;客家人进入深圳地区最早可追溯至宋代,大多在明末第四次岭南移民潮中来到该地区,清康熙年间复界后,在招垦政策下大批粤北及闽赣的客家人南迁到深圳沿海地区,他们一般聚居在东部或南部贫瘠的山区,选择山脚或河流上游地带建村,土地贫乏;福佬人与疍家人数量较少,但后期因从事走私与海盗,为官府、内陆居民及外国人所忌惮。

　　在这四个不同的族群中,其中本地人具有优越的文化心理,奉守"夷夏之辨"的儒家文化,对不同质的西方近代文化有着明显的排斥[13],传教工作最初在本地人的生活区内进行得并不顺利,但随着中国在近代战争的屡屡战败,本地人的优越感也逐渐被动摇,由自信转为自卑,并逐渐滋生了部分人崇洋媚外的心理,人们心态上的矛盾造成了对外来文化的非理性态度。南头城是岭南沿海地区历代的行政管理中心,也是本地人聚居最多的地点,1897年底来此传教的米兰外方传教会(天主教)嘉乐(Giuseppe Carabelli)神父在其笔记中记载了当时南头城中民众矛盾的心理特征,也在一定程度上反映了整个国家的气氛:"这座好几百年的古老大宅正在崩溃。日俄之战更给于最后一击。现代思潮迅速渗透这个巨人的血液中,而直到如今,这个巨人仍反对任何新事物,即使是美好而有用的新事物。学校制度正引入新的方法,包括科学和语文,特别是英语。在我们县里(新安县),民众对于学习英语的兴趣近乎疯狂,主角甚至被迫在孤儿院引入英语课,免得我们的青少年转到基督教学校去学习。当时在临近地方,即使略懂英语的人都能获得可观的收入。可惜的是,在学校采用的新教科书中,虽然有诸多优秀之处,但人们也发现很多关于宗教而令人难以容忍的无稽之谈……"[14]

　　但无论是天主教还是基督教教士都对生活在广东沿海的客家人有比较好的印象,他们普遍认为客家村落对福传的态度较为开放。这种态度的来源可能与客家人的混合身份认同(Hybrid Identity)①有很大的关系,他们习惯于从一处迁到另一处甚至迁居国外,在与不同的种族和异乡人接触的过程中他们更乐于接受新的事物,并在不同的文化中选择对自身有益的方面进行汲取。另外从更现实的角度来讲,外国传教士在村中开办育婴所、老人院、医院等慈善事业,有些教堂还为贫民提供稍可抵御饥寒的物资,这使得当时主要聚集贫困移民和难民的客家村落对基督宗教的接受度大幅度提高。

　　此外,福传工作在福佬人及疍家人的生活区内是很难进行的,他们以强悍闻名,对其他文化有很强的排斥性。并且,由于大多教会在来华之前都曾有过在东南

────────────────

　　① 身份认同主要指某一文化主体在强势与弱势文化之间进行的集体身份选择,由此产生了强烈的思想震荡和巨大的精神磨难,其显著特征,可以概括为一种焦虑与希冀、痛苦与欣悦并存的主体体验。我们称此独特的身份认同状态为混合身份认同(Hybrid Identity)"。

亚海岛国家的传教经历,其不少地区对传教工作极其抵触,教士不是被杀,就是患病,或是被土著驱逐,福传工作大多失败,于是传教士很少选择类似地区进行传教活动。

2.2.2　宗族社会与村落体系的建构

深圳的传统村落中数量最多的为广府村落和客家村落两种,广府式村落的整体布局一般为棋盘式,有明显的纵横交叉的街道,前后成排,左右成列,布局经过严格规划;深圳近代的客家民居主要是清初"迁海复界"时从赣、闽、粤等地成批迁入的,深圳的客家围屋保留了禾坪、月池、堂屋、横屋的形制,但与传入地福建和粤东的客家围屋不同,在传入后吸取了岭南建筑的优秀特点。同岭南地区其他农村社会一样,无论是广府村落还是客家村落其社会结构大致都是围绕宗族体系建立的,由外面迁移而来的家族在一个地方繁衍生息,逐步发展成大的宗族,有些村落为单姓宗族,有一些由多个姓氏的宗族构成,还有部分村落宗族构成复杂,为杂姓村。

在近代新安县,单姓村的村落结构一般都有集中性和向心性的特征,村落布局系统化,整体性强,很多情况下有一定的规划意图。如西乡黄麻布村(见图 2-14),依风水先生而言,此村建在树山之下,东北以担水河为界,不得越界而为之,整个村落由于三面环山而一面环水,只能横向发展,因此整体以排屋式的格局为主,同时为保有村落的防御性加建围门、围墙,形成既成排又成围的体系。黄麻布村以中间偏东北的 5 纵 7 横布局为村子中心,后建的房屋向西南延伸发展。

多姓村中不同姓氏宗族的关系直接影响了村落格局,一般多姓村中各姓氏宗族分别占有一块区域。如龙华的浪心古村(见图 2-15),在清康熙年间有吴、刘两姓客家宗族迁移至此,势力较大的吴姓宗族当仁不让地占据了最好的位置,稍弱的刘姓则居于村子的北隅,两个宗族先后建立各自的祠堂,并以此为中心形成了居住组团。

杂姓村落形态比较多样,但一些大的乡镇和墟市通常都是杂姓而居,其格局较为规整,有平直的纵横街巷,这样的村落形态或许与多姓利益制衡并遵守某种约定有关。[12]

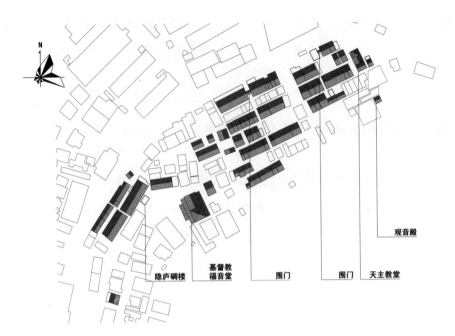

图 2-14　西乡黄麻布村总平面图

（笔者自绘，底图摹绘自天地图官网）

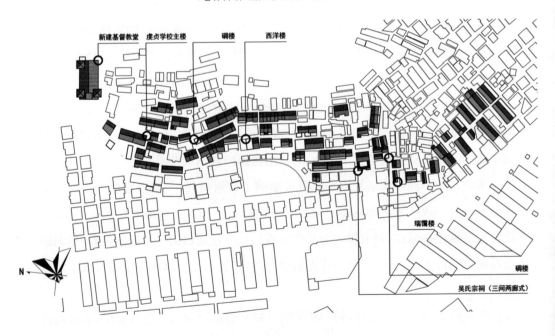

图 2-15　浪口村总平面图

（笔者自绘，底图摹绘自天地图官网）

村落体系的建构也受地理环境、村落历史长短、村落规模、防御要求等因素的影响，之所以将宗族对村落建构体系的影响单独分析，是因为在近代深圳地区，外来教会进入村落传教几乎很难针对个人或单一核心家庭，传教士若要在一个村落中开展传教活动，通常要得到整个宗族的认可。从另外的层面上来讲，一方面传教士在村落中修建房屋所涉及的建造选址、建造风格及所能分配到的村落资源等，都与村落的宗族体系密切相关；另一方面，教会建筑能够对村落景观与建筑产生多大的影响，也取决于整个宗族对它的接受程度。

2.2.3　深圳地区传统民居灵活多变的建造形制

深圳地区传统民居无论是建筑平面空间的构成、屋身的处理还是屋面的组合，往往在原有建造规制的基础上依据实际的使用需求进行调整，因而具备灵活多变的特性。广府民居的梳式布局系统使得房屋多呈现排屋的形式，建筑以"间"为单位作自由的整合，在一排建筑中有时会出现单间（无厅式）、三间（"一明两暗"式）或其他的变体形式（见图 2-16），具有很强的灵活性。另一种建筑形制为"三间两廊式"①，在实际的使用中也会出现多种形式的组合，有一些省却两廊中的一廊，或前面的门屋连成一片，与主屋平行并仍由廊屋相连，一般称之为"杠屋"（见图 2-17）。

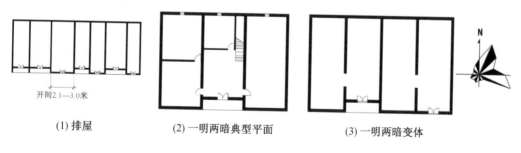

開間2.1—3.0米

（1）排屋　　　　　　（2）一明两暗典型平面　　　　　　（3）一明两暗变体

图 2-16　多变的排屋平面布局
（笔者自绘）

---

① "三间两廊式"是指三开间主屋前带两厢（或两廊）和天井组成的三合院式居住建筑。

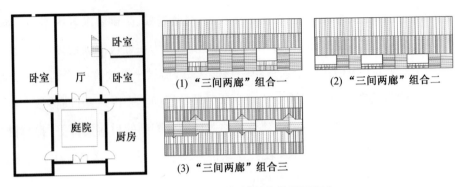

(1) "三间两廊"组合一　　(2) "三间两廊"组合二

(3) "三间两廊"组合三

图 2-17　"三间两廊式"住宅的平面组合
(笔者自绘)

客家围屋作为族群聚居的复合式建筑,宗法制度的厅堂系统与家庭生活的起居系统共同构成了完整的、围合内向的空间领域[15],其传入深圳地区后吸收了很多广府式民居的特点。不同于闽西的客家土楼及粤东地区的客家围屋,深圳地区的客家民居在保留突出的中轴线、横屋系统,及围屋前的禾坪、月塘之外,将后部的半月形斜坡式围屋改为平面式的天街,并进一步将围内单间的住房改为广府民居的"斗廊式"套间,如鹤湖新居中外围的居室独立成套,一般为"三合院"形制(见图2-18)。有些客家移民建村时并未采用围屋的形式,而是将围屋简化为围门和围墙,内部参照广府村落的纵横巷系统,形成兼具客家和广府特征的围村。

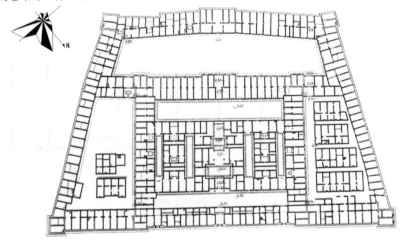

图 2-18　鹤湖新居围屋平面图
(图片来源:第三次文物普查报告)

　　深圳地区的传统民居中排屋的数量较围屋多,不同于围屋以祠堂为中心的空间形制,排屋更加强调独立的家庭生活,这与深圳地处中原中心文化的边缘地带以及多种移民文化融合的特征相对应。

　　建筑平面的灵活处理形成屋面多样的连接组合方式,深圳地区的民居中通常会出现主屋与辅屋(廊)、门屋的结合,常见的有垂直式、平行式和工字形三种。民居的屋面组合以构造简单、方便排水和容易施工为原则,同时,也注意观赏效果。一些建筑中的辅屋或辅廊的山墙面会做成封火山墙形式,其屋顶不再采用坡顶而使用平顶,使得建筑立面形式多样(见图 2-19,图 2-20,图 2-21)。

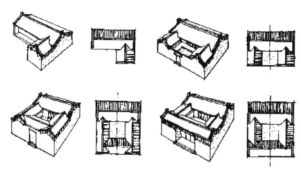

图 2-19　岭南民居垂直屋面组合
(图片来源:陆元鼎《广东民居》)

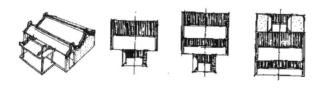

图 2-20　岭南民居平行屋面组合
(图片来源:陆元鼎《广东民居》)

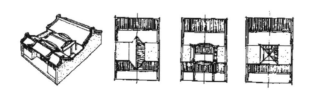

图 2-21　岭南民居工字型屋面组合
(图片来源:陆元鼎《广东民居》)

深圳地区传统民居的门窗洞口一般较小，山墙一般不开窗，有时开很小的通风口，在传统的观念里认为山墙开窗是破坏风水的做法，因此在宗祠、寺庙建筑中更难看到山墙开窗的实例。有厅的住宅，其厅堂所对主入口向内退入一段距离形成檐下空间，从立面上能够清晰地区分明间暗间。相较于屋身的尺度而言，屋面在建筑立面上所占的比例较北方地区小很多，从人的视角来看屋面很低，这与官式建筑强调屋顶的特征完全不同。清代深圳地区传统民居很多在室内隔为上下两层，上层作为卧室，下层作为厅、厨房或贮藏室。相较于早期的单层住宅，双层住宅无论是在房屋高度、屋内布置还是屋身的门窗开口上都更加灵活，也为其他外来建筑元素的植入提供可能性（见图2-22）。

图 2-22　深圳地区形式灵活的双层民居
（笔者拍摄）

2.3　基督宗教教会在深圳地区的传教策略

在近代深圳地区，教会建筑是分属于不同教会或修会的，这些传教组织分为基督新教教会与天主教教会，其教会建筑形态存在一些本质性的差异，这与天主教和基督新教的传教策略相关，同时也取决于传教士有无长期居留的意愿及现实条件的限制。

综上所述，深圳地区近代民居灵活多变的建筑形制，使得外来建筑元素的植入有了一定的基础。首先,不同于中国传统宫式木构建筑对开间数量的严格控制,在近代深圳地区,无论是广府民居还是客家民居,建筑平面均可以开间为单位在横向长度上灵活增减,因此,教会建筑在建造中,可根据自身功能需求增加减少开间数量,有时甚至可增加半个开间以配合正立面拱券数量。这种形式出现在浪口虔贞学校及樟坑径基督教福音堂中;其次,在当地传统民居中屋顶地位的退化,解释了后期教会建筑及一些受影响的民居上出现了以山花、宝瓶或雕花围栏等遮挡建筑坡屋顶的做法;另外,双层民居的出现也使得西方建筑常见的阳台、二层走廊、围栏、门廊等建筑元素更易于植入到当地传统民居中。

2.3.1　天主教在近代深圳地区的传教策略与影响

从香港天主教档案馆中的教会资料和传教士日记中可以看出,他们对新安县生活结构的描述着重强调了"家族世系"这一点,据米兰外方传教会《从米兰到香港》一书中描述:"世系是新安农村生活发展中的一个基本因素……宗族构成一个共同体,拥有自己的财产和内部调控系统。宗族也展示了一个以祖先崇拜和宗祠为中心的一套礼仪……新安县对外界的干预十分抗拒。如此紧密而排他的宗族体系,是在农村传播福音时面对的主要障碍之一……唯有当全村皈依天主教信仰,福传工作才可能成功……"[14]因此,无论是从天主教传教据点的选择还是他们在村落中采取的传教策略来看,他们都基本遵循一种自上而下的传教方式,这决定了其自身文化在一定程度上的强势入侵,传教士希望他们所带来的宗教文化首先被新安县农村社会的上层接受,而后被广泛传播。此外,新型的建筑形式作为一种直观的表达也成为一个推广利器。有悖于当地传统民居以屋面作为最重要的立面构成部分、建筑开间方向的立面为主立面、山面地位最次且不开窗等特征,天主教教会建筑保留了西式建筑中以山墙面为主入口和装饰重点的特色,建筑的坡屋顶被高起的曲线式山墙遮挡,基本从人的视角无法被观察到。这些建筑大多由香港教会的外国传教士或建筑师直接设计建造,形成了不同于本地建筑的新的建筑景象。

2.3.2　基督新教在近代深圳地区的传教策略与影响

基督新教的传教点具有一些共同的特征:都是远离当时的政治、经济、商业中心,属于民众教化较弱、发展程度不高的地区。此外,这些村落往往具有宗族体系的生活结构,这影响了基督新教在深圳地区的传教方式。巴色差会牧师为使客家人接受他们的宗教思想,学习客家话,融入当地生活,编写客语书籍、论著,广泛开办学校、传道讲习所等慈善事业,贯彻一种自下而上的传教方式。

教会建筑的建造者多为传教据点的传教士,资金来源部分来源于教会或教士,部分来源于地方政府或民众募捐,建筑规模小,造型简朴且多由当地的传统民居附加西式建筑元素衍生出来,或由西式建筑样式因地制宜地进行演化,因此建筑带有明显的本土化特征。所建建筑基本都由本地工匠协助建造,在客家民居的基础上加入了拱券、外廊、围栏等殖民地式建筑元素,为适应当地的气候条件,整体沿用当地传统建筑的形制,开间立面仍作为主要立面,所增加的外来样式元素也在该立面上做主要体现。

2.4　本章小结

本章分别从传统村落体系、地方建筑文化背景、教会传教策略三个方面对教会建筑跨文化传播的背景进行论述,其中传统村落体系与地方建筑文化背景为内因,教会传教策略为外因。

第一部分从嘉庆《新安县志》村落名录和《新安县全图》两方面资料入手还原清代鸦片战争爆发前后深圳地区的村落格局,重点还原不同辖区的管属区域范围、区域内本客籍村落情况、重点村镇(县署、墟市)与普通村庄的区分、村落间的沟通状况等方面,由此梳理深圳地区近代以前的传统村落体系,对不同形式村落组团进行分类,为之后探究教会建筑的传播路径提供基础。

第二部分从地区、文化与建筑的三个层面来分析教会建筑的跨文化传播基础:

不同族群文化包容性的差异决定了教会建筑的传播有指向性的受众;宗族社会对村落体系的建构影响了教会建筑在村落中的选址、辐射范围和影响强度;灵活的地方传统建筑建造形制为外来建筑元素的纳入提供了可能性。这一部分是对教会建筑传播范式的内在原因的先期探讨。

第三部分通过分析天主教与基督新教传教策略的不同,以揭示两者的教会建筑在传播与发展模式、建筑形式、对地区传统村落与建筑造成的影响等方面产生差异的根本原因。

这一章总体来讲是通过对当时历史背景下现实因素的分析,为后期的研究进行铺垫。

——第三章——

近代教会建筑传播与影响的历史进程

3.1 基督宗教在近代深圳地区传播的历史背景

基督宗教进入深圳地区传播是在鸦片战争之后,其在近代深圳地区的传播在极大程度上受当时的政治和社会情况的影响。1840年鸦片战争的爆发与1842年《南京条约》的签订使得香港变成英属殖民式统治地区,借此机会外国传教会大量涌入香港地区传教,天主教巴黎外方传教会、西班牙遣使会、米兰外方传教会,以及基督新教英国伦敦会、瑞士巴色会(崇真会)、德国巴冕会(礼贤会)①、美国浸信会等相继进入香港成立教会。此时中国政府对传教活动依然没有放宽条件,根据《南京条约》中的条款规定,外国教会仅被允许在五个通商口岸(广州、厦门、福州、宁波、上海)及香港岛、九龙地区进行传教,中国其他地区仍处在禁教状态。但各大教会在香港立足后便派遣传教士渗透到大陆传教,新安县因毗邻香港首先成为传教士进入内地传教的重要据点,很多传教士在新安县的乡村地区租赁房屋传教。直到1860年中国政府在《北京条约》中彻底解除了对外国传教士在中国内地传教的禁制,"所没收之教堂政府一律发还;准许传教士在各省租买田地建造自便",新安县的传教活动开始有了大的发展。从1840年至1884年中法战争爆发前各大教会在新安县多处建立宣教事业的基地,修建布道所、神学院、育婴院和新式学校等建筑,是教会建筑发展的第一个兴盛阶段。

---

① 巴色差会(崇真会)、巴冕会(礼贤会)与之后1913年来华巴陵会(信义会)是在深圳地区产生最大影响的三个基督新教教会

中法战争的爆发使传教活动一度中止,直到 1901 年得到政府同意后才开始恢复。这个阶段中国其他地区教案频发,西方列强对华战争的加剧使得民众对外国传教士及教民日益不满,部分地方教会借助不平等条约的支持欺压乡民,双方的矛盾逐渐升级。而此时岭南地区受到的影响较小,基督宗教在深圳地区进入了稳定发展时期,各大差会主要是巩固和扩大已有传教事业,同时致力于教会内部的调整工作[3]。教堂的兴建活动逐渐减慢,教会立足于已有的传教据点,向周边的村落辐射发展,在诸多村子中建立布道所,不仅向村民传教还承担了本村育婴、养老、医疗、教育等社会服务,为村民所接受和尊敬,新安县各地由教会兴办起学校、育婴堂、医院等公共事业机构。同时,受本土化运动的影响,教会中的中国籍教职人员逐渐增多,教务逐渐过渡到本地人手中。

1925 年 6 月 23 日广州发生"沙基惨案",导致岭南地区的反帝国主义情绪空前高涨,"非基督运动"在民众中盛行,基督宗教的传播受到阻碍。及至战争结束后外国传教士重新进入岭南地区,此时外国教会为了在内地生存而开始了"本土化"的转变,各传教会在深圳地区的传教点大多改为本地神职人员主持教务。在这一时期的动荡过后,加之德国在一战结束后面临战争赔款,深圳地区以德国差会为主的基督新教受资金来源影响而大幅缩减其建造活动,20 世纪 20 年代后基督新教在本地基本未建新教堂。而此时的天主教在香港教区的支持以及成功的"本土化"转变中,又重新修建了一批教堂。因此天主教与基督新教教会建筑在建造时间上有所差异。此后抗日战争爆发,传教工作全面停滞,教会建筑的建造活动也进入衰落期。

3.2　基督新教在近代深圳地区的传教及营建活动情况

3.2.1　巴色差会的传教概况

成立于瑞士的巴色差会(Basel Mission)最初名为德国差会(German Missionary Society)，又名崇真会，是深圳地区最早进入并且影响最大的基督新教差会。1847年3月巴色差会的牧师韩山明(Rev. Theodore Hamberg，瑞典籍)、黎力基(Rev. Rudolf Lechler，德国籍)以及巴冕会(Barmen Misson，后改名礼贤会)牧师叶纳青(Ferdinand Genahr，德国籍)、柯士德(Heinrich Köster)来到香港传教，在早先到达香港的传教士郭士立(Karl Friedrich August Gtzlaff，德国籍)的指导下学习汉语、香港本地语言及客家话、潮州话，为进一步向广东沿海地区传道做准备。1848年韩山明牧师在沙头角租赁房屋传教，这是最早出现在新安县的传教活动。1860年《北京条约》签订后巴色差会在香港、新安县及广东其他地区的传教事业开始大规模发展，先后在李朗、浪口、樟坑径及葵涌成立区会，逐渐发展起24个支会(见表3-1)。

表3-1 巴色会(崇真会)各教会区会名称和所辖支会情况

区址	序号	名称	创立年份	创立人
李朗区 (辖4个)	1	李朗	1852	韩山明(瑞典)、黎力基(德)
	2	横岗		
	3	布吉	1852	韩山明(瑞典)、黎力基(德)
	4	沙头角	1853	韩山明(瑞典)
樟坑径区 (辖10个)	5	樟坑径	1869	陈明秀
	6	两渡河	1876	
	7	冈头仔	1881	
	8	坂田	1881	
	9	清溪(东莞)	1882	由巴陵会转来
	10	长山口(东莞)	1890	韩国栋
	11	田心(东莞樟木头)	1897	由巴陵会转来
	12	新田	1904	娄士(德)
	13	观澜(宝安)	1915	蔼谦和(德)
	14	牛眠埔(东莞)	1915	张彩廷
浪口区 (辖4个)	15	麻磡	1864	张广鹏
	16	浪口	1882	由巴陵会转来
	17	三祝里(乌石岩)	1902	由巴陵会转来
	18	黄麻布	1904	由巴陵会转来

续 表

区址	序号	名称	创立年份	创立人
	19	葵涌	1879	甘保罗（德）
	20	坪山	1881	甘保罗（德）
葵涌区 （辖6个）	21	大塘坑（现称坑梓）	1905	由巴陵会转来
	22	赵洞	1909	由巴陵会转来
	23	龙岗	1912	余庆辉
	24	约塘	1917	由巴陵会转来

（内容来源：深圳市宗教局《宗教志》）

民国时期巴色差会传教事业遭受打击，许多教会建筑在战争中被炸毁，如浪口、李朗、葵涌、樟坑径、深圳墟等地的教堂都受到不同程度的损坏，战争后传教事业恢复，但远不及之前的盛况，至建国时，外国传教士陆续撤离新安县。

巴色差会的传教区域基本都在客籍村落，他们兴办学校，重视教育，不仅在中西文化交流上作出了重要的贡献，也对本地客家文化的发展产生了重要影响。从1855年开始，巴色差会传教士致力于编纂客语传教书籍及翻译工具书，著作包括《客语罗马字典》《汉字客语新约全书》（即《客家话圣经》）《客语马太福音》《客语德华字典》《颂诗》《客语罗马字新约全书》《汉字客语旧约》等，另外毕安（Philippe Charles Piton，法籍）牧师编写的论文《客家源流与历史》等，是西方牧师最早研究客家文化的案例。此外，传教士对本地风光、民情、建筑等的文字、绘图及影像记录也为研究本地近代风貌提供了珍贵的一手资料。

巴色差会在新安地区的四大传教区概况如下：

1）李朗堂区

深圳第一座教会建筑是由巴色差会牧师黎力基建于1854年的布吉李朗基督教福音堂，后于1864年扩建作为乐育神学院（存真书院）。虽然学校的建筑仍采用当地的建造技艺，材料上选用当地的青砖，砂石抹面、灰瓦覆顶，但无论是开窗形式还是学校内置的排球场、足球场，完全不同于当地原有的私塾，这间神学院的出现是西方文化传入深圳的一个重要标志。李朗教堂与乐育神学院后历经多次改造，建成具有相当规模的教会建筑群（见图3-1、3-2）。差会后于1901年（光绪二十七年）在布吉老墟又建成另一座教堂，风格上采用典型的殖民地外廊式，建筑一直保留至今，后有整改。除李朗村与布吉老墟外,李朗堂区下辖另外两个支会分别在横岗与沙头角,沙头角教堂为租赁房屋,横岗教堂在抗日战争中被炸毁,后未重建。

图 3-1　巴色差会毕安神父于 1864 年绘制的李朗福音堂景象

图 3-2　不同时期的李朗基督教福音堂

（前者摄于 1888—1899 年间,后者摄于 1940 年左右）

2）浪口堂区

浪口教堂始建于清同治五年（1866 年）,由巴色差会毕安牧师创办,后于 1891 年由差会骆润慈牧师创办"虔贞学校"（见图 3-3）,初期仅招收贫苦家庭中没有受教育机会的女子,后来于 1923 年开始招收本村的男子入学。学校设置有关宗教、修身、国文、习字、算学、女工、唱音、体操等多种课程项目,并有精心编纂的"旧约事实""修身教科书""国文教科书""书法之次序""笔算教科书""通常之裁缝法""简易之音调""女子体操"等客语教材,课程颇具中西合璧的特色,与本地传统的私塾教育不同,是本地原住民早期接触新式教育的典范。处在村落密集的龙华镇中心的浪口堂区下辖 4 个支会,除浪口外分别在麻磡、三祝里、黄麻布三个村子,除麻勘村的教堂早在 1864 年即由当地村民张广鹏建立外,其他均由巴陵会(信义会)转来。

图 3-3　虔贞女校操场上骆润慈神父与学生做游戏
(摄于 1901—1903 年间)

3) 葵涌堂区

葵涌地区的传教工作始于 1879 年(光绪五年),巴色差会教士甘保罗·舒大卫(David Schaible,德籍)负责该区教务。1881 年葵涌新堂建成,之后直到 1940 年在抗日战争中被炸毁,其间屋顶、柱廊、阳台的形式多有变化,体现了西式建筑元素逐渐融合到当地村落景观中的一个过程。葵涌教区下辖葵涌、坪山塘坑、大塘肚(坑梓)、赵洞、龙岗、约塘六个支会(见图 3-4)。

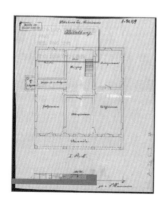

图 3-4　葵涌基督教堂的改建平面图手稿与 1925 年的葵涌新堂

4) 观澜樟坑径堂区

1869 年(清同治八年)华人牧师
陈明秀自欧洲留学归来受职于樟坑
径主持教务,至 1881 年(光绪七年)
与法国传教士莫恩乐在上围村建樟
坑径福音堂,并开办有民智学校(见
图 3-5),1886 年(同治十二年)差会
德籍牧师葛礼和来此传教授课。教
会拥有可供教牧人员自给的水田与
松山,用以支付日常生活及传教各

图 3-5 最早的樟坑径教堂
(摄于 1881—1910 年间)

项费用。樟坑径堂区的管辖范围很大,下辖支会数量最多,既包含现在处于深
圳境内的樟坑径、岗头、坂田、新田、观澜等地,也向北一直辐射到现属东莞的
两渡河、清溪、长山口、牛眠埔及田心(东莞樟木头),传教事业十分兴盛,拥有
200 多名教众。教堂在抗日战争中被毁,于 1945 年重建,教会活动持续到新
中国成立被停止。

3.2.2 巴冕会与巴陵会

巴冕会(Barmen Mission)又名礼贤会(Rhenish Mission),1828 年成立于德
国,差会牧师最初于 1847 年同巴色会传教士一同来到香港,后于 1849 年开始在新
安县传教。巴冕会在新安县不是实力很强的教会,教众人数不多,其传教区域集中
在本籍地区(广州话地区),主要有西乡、福永、松岗、南头、深圳墟几处。除宣道活
动外,巴冕会致力于创办教育机构,仅松岗一处未建学校,其他传教据点均办有小
学或中学,并设立福永圣经学校。

1) 福永堂

巴冕会在福永传教活动始于 1848 年(清道光二十八年),传教士王元深来此开
堂传道,并创办福永小学。后于 1859 年建成福永教堂,至新中国成立前一直有中

西牧师在此主持教务,1949 年后停止活动。

2)西乡堂

巴冕会教士最早于 1848 年(清道光二十八年)来西乡租赁房屋行医传道,初期传教活动不固定,至 1854 年有牧师罗存德在此设堂布道。1904 年(清光绪三十年)教士接受本地教友捐赠的土地开始修建教堂,至 1907 年教堂建成。后来在抗日战争中西乡教堂被炸毁,未有重建,教众开始在家中聚会礼拜。

3)南头堂

早在 1863 年(同治二年)巴冕会即有传教士吕威廉在南头城租赁房屋创办小学,并作为传教场所使用,此时南头城内已有天主教米兰外方传教会驻地传道。1903 年巴冕会教友募捐希望在南头城建圣殿,但未实现,后于 1918 年在石桥头村建成教堂

4)深圳堂

1898 年(清光绪二十四年)巴冕会传教士茂礼嘉应本地教友邀请来到深圳墟传教,在北门横街租铺做临时传教场所,此后一直有教士在此传道。1902 年(清光绪二十八年),巴冕会又在附近的田心村(位于今罗湖笋岗)建成教堂。1923 年(民国十二年)教会在深圳墟西门允升街街口(今永新街)置地兴建一座三层楼新堂,除作教堂外还办一所"全基学校"。1938 年,日寇侵华,深圳堂、田心村圣堂被日军炸毁[16]。后来深圳堂迁到香港上水重新设堂,后于 1947 年在深圳墟原址重建,田心村未再建堂。

5)松岗堂

1904 年(清光绪三十年)巴冕会德籍牧师葛里查在松岗租赁房屋传教,后由于教众人数增多而设堂,规模较小,今已不存。

相比巴色会与巴冕会,巴陵会(Berliner Missionwerk)进入新安县传教的时间较晚,影响范围更小。巴陵会又名信义会,1824 年成立于德国柏林,1867 年有传教士来华传道,教会牧师韩士柏先抵达香港,随后入河源、清远、花县、长乐、南雄、宝安等地传教。巴陵会在新安县的传教活动与巴色会、巴冕会密切相关,先后在龙华浪口、石岩三祝里、西乡黄麻布、坑梓大塘肚以及大鹏半岛的赵洞、约塘设点传教,后均由巴色差会接管并设堂。

3.2.3 基督新教教会建筑的营造和分布

基督新教在近代深圳地区的教会建筑包括教堂 27 座、学校 17 所(见表 3-2)、圣山墓地一座(李朗),主要分属于巴色会(崇真会)与巴冕会(礼贤会),自1847 年教会进入新安开始至新中国成立前,深圳地区先后建有 27 座基督新教教堂或宣道所。

表 3-2 清末民国时期新安礼贤会、崇真会教堂、宣道所兴办学校情况简表

差会	教堂	学校	创办时间	备注
巴色会 (崇真会)	沙头角宣道所	小学	1848 年—1851 年	韩山明创办
	樟坑径堂	明智小学	1880 年—?	葛礼和创办
	浪口堂	虔贞学校	1891 年—?	骆润慈创办
	黄麻布堂	小学	1910 年—1949 年	
	葵涌堂	乐育小学、中学	?—1949 年	相当规模
	李朗堂	乐育中学	?—1927 年	
		小学	1851 年—1942 年	1942 年被日军炸毁
	布吉堂	小学	1851 年—?	韩山明创办
	大塘肚堂	小学	?—1949 年	
巴冕会 (礼贤会)	深圳堂	全基学校	1923 年—1926 年	颇具规模
		小学	1947 年—?	有学生 86 人
	福永堂	圣经学校	1848 年—1929 年	最初在西乡,后依次迁至荷坳(横岗)、福永、虎门、东莞等地
		小学	1852 年—?	
		男/女小学	1902 年—1904 年/1906 年—?	
	南头堂	小学	1863 年—?	吕威廉创办,当时南头无教堂
	沙井	小学	1907 年—?	当时沙井无教堂
	西乡堂	女校	1904 年—?	

(内容来源:深圳市宗教局《宗教志》)

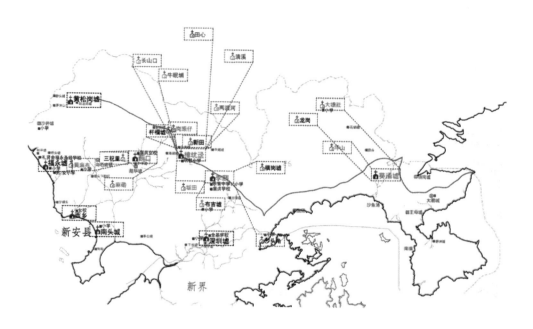

图 3-6　1839—1950 年间深圳地区基督新教堂点及教会学校分布
(笔者自绘)

巴色差会传教区(深圳)▢▢▢　　巴色差会传教区(东莞)▢▢▢　　巴冕会传教区▢▢▢　　教会总堂点

教会支会堂点　　教会学校■

(村落名称绿色为客籍村落,黑色为广府村落)

基督新教在客籍地区的传教活动明显盛于本籍地区,巴色差会 4 个总堂区均设在客籍村落,14 个深圳境内的支会中有 9 个在客籍村落,其余的堂点也都处于广客混合的中部地区,巴冕会所辖的传教据点虽都处于大型的墟市、村镇中,但堂点规模上比巴色会小很多,教众人数少,辐射影响的区域也有限。在总体分布上西部盛于东部,这与深圳地区东西部的村落密集度、交通便利程度、村镇发展程度的差异都有关联。基督新教的教会建筑集中建于近代早期,绝大部分教堂与学校都建于 20 世纪 20 年代前,后有李朗堂、深圳堂、葵涌堂、樟坑径堂等在抗日战争后重建。基督新教教会学校的建造活动极为兴盛,一方面兴办圣经学校及神学院为教会培育传教人才,另一方面为当地居民创办中学、小学,将教育与慈善事业作为在地方民众中推进传教事业的强大助力。

3.3 天主教在近代深圳地区的传教及营建活动情况

3.3.1 天主教在新安县的传教概况

清雍正年间起至鸦片战争前中国境内全面禁教,仅租借给葡萄牙的澳门未受影响,由葡萄牙保教派把持。鸦片战争后罗马教廷为防止西班牙与葡萄牙两国在华传教的垄断,将传信部由澳门迁到了香港,建立了香港监牧区,1858年米兰外方传教会雷纳(Paolo Reina)神父来到香港并出任传教区主管,受传信部委托该会全面接管香港监牧区及中国传教区的教务。从1860年开始,该会派出传教士入新安县传教,并于当年十二月将整个新安县纳入香港教区,至此天主教开始在新安县传播。

1861年4月米兰外方传教会穆(Giuseppe Burghignoli)神父和高(Timoleone Raimondi)神父到达新安县治南头进行考察。1862年(同治元年),该教会的和神父在横岗南靠近塘坑的太和(今龙岗区横岗镇太和村)兴建教堂和学校(今已不存),这是新安县历史上第一间天主教堂[17]。虽然这座教堂的建筑样式已无从考察,但从米兰外方传教会(后称米兰宗座外方传教会)的文献记录中可以看出一些迹象,和[安西满]神父于1861年底至1863年在太和从事传教工作,时间不是很长,事情的原因仅仅是他请人在住所上开辟了一扇小窗,被当地人认为是破坏风水的举动而产生矛盾最终被迫离开,可见当地人对有悖于传统建筑规制的行为完全不接受,因此和神父所建的房屋不可能是外来建筑样式的。1870年香港教区的管辖范围进一步扩大,将海丰县以及与新安县毗邻的归善县纳入其中,现今深圳市的龙岗区、坪山新区大部分都归于归善县,同样被纳入香港教区后,其教会建筑发展模式也呈现出一致性。截止1873年(同治十二年)新安县境已有教堂15处,信徒600多人,其后几年天主教最兴盛时在新安县建教堂24处,公所4处,发展教徒近2 000人。[24]

1884年中法战争期间天主教在新安县的传教工作受到重创,早期所建的教堂基本上都被损毁,仅南头城的圣弥额尔堂及孤儿院于 1891 年重新修建并开堂,后于 1913 年在香港教会及嘉诺撒女修会的资助下将孤儿院发展为育婴堂(见图 3-7)。1905 年开始天主教的传教士嘉乐(Giuseppe Carabelli)神父①、赖(Fr. Attilius Poletti)神父和林荫棠(Fr. Peter Lamyung)神父开始进入大鹏半岛的葵涌地区进行传教,传教范围涉及今葵涌洞背村、土洋村、葵涌老墟及沙鱼涌一带(见图 3-8)。1927—1931 年这 5 年间新安县境内又新建 6 处堂所,截止 1931 年天主教在新安县形成了南头城、深圳墟、葵涌屯洋(今葵涌土洋村)三个传教区。整个新安县域内共有 2 000 多名教徒,教会建筑包括天主教堂 20 座,学校 5 所,公所 4 处,医院②、养老院③和育婴堂各一所,圣山一处。

随着 1941 年日军侵占香港,新安县境内的天主教传教活动全面停滞,外籍神父大部分被迫离开,仍在新安县内负责传教工作的仅叶荫芸和江志坚两位神父,分别主持西部和东部的教务。1945 年抗日战争结束后又开始了解放战争,政局动荡,天主教传教工作愈加艰难,直到 1949 年新中国成立后深圳地区的天主教会脱离香港教区及罗马教廷的控制,实行自主自办教会。

图 3-7　建于 1913 年的南头天主教育婴堂④

图 3-8　土洋村天主教堂原貌(东江纵队司令部旧址)

---

①　嘉乐(Giuseppe Carabelli)神父于 1897 年至 1904 年在南头圣弥额尔堂从事传教工作并在嘉诺萨女修会修女的帮助下开办孤儿院,孤儿院是南头育婴堂的前身。

②　位于南头城城外大新街,名为"乐善医院",现已不存。

③　在现今龙岗区坪地街道四方埔村。

④　见深圳近代简史 97 页。

近代天主教在深圳地区传播的近 90 年间,对本地社会产生诸多影响。一方面,天主教传教会在深圳地区开办学校、育婴堂、养老院、医院等慈善事业,为缓解战争时期民众的困境,传播新式文化,促进社会发展起到积极的作用;另一方面,教会传教士不附属于任何西方列强势力,在战争中保护地方民众,分发粮食、钱款、衣物救济灾民,提供医疗帮助。另外,由米兰外方传教会的和神父 1866 年绘制而成的《新安县全图》是深圳历史上第一份用西方测绘方法绘制并出版的地图,对于还原新安县近代历史具有重要的意义。

3.3.2 天主教教会建筑的营造和分布

深圳地区历史上曾存在过的天主教堂共有 23 座,因社会环境动荡的影响,许多早期教堂在战争中被损毁,或在反教运动中被当地民众破坏,至今仍保留有建筑实体或文献记载的天主教堂大多数建于或重建于 20 世纪 20 年代后。

在这 23 座教堂中比较有影响的介绍如下:

1)南头城圣弥额尔堂

南头城内自 1862 年(同治元年)开始有天主教米兰外方传教会教士租赁房屋宣道,后在大新街源盛大宝号建成天主教堂,堂号"圣弥额尔",又称南头堂[17]。处于新安县县治中的圣弥额尔堂凭借其优越的地理位置和县政府的支持,很快发展为新安县的传教中心,县城附近和蛇口墟的教民都有该堂管理。1874 年(同治十三年)米兰外方传教会嘉乐(Giuseppe Carabelli)神父来此传教并在嘉诺撒女修会修女的帮助下开办了一间孤儿院。因中法战争,教堂及孤儿院被关闭,后于 1905 年(光绪三十一年)嘉诺撒女修会将其孤儿院改为育婴堂,专门收养今属宝安、龙岗、东芫、惠阳等地的弃婴、病残儿童[26],影响范围广泛,因此后来本地民众常把南头圣弥额尔堂称为育婴堂。清末南头城政局变革,社会动荡,教堂和育婴堂在这一时期被损毁,后于 1911—1913 年(宣统三年至民国二年)在米兰宗座外方传教会和嘉诺撒女修会的资助下重建,即为现在南头古城东北角的天主教育婴堂。育婴堂历经战争与时局动荡保存至今,建筑外观基本未发生变化,后归还于深圳市天主教爱国会,作为教堂开放使用。现保留的育婴堂建筑具有明显的巴洛克建筑与殖民地建筑风格,其形制为深圳地区教堂所少有的。

2）麻磡村天主之母堂

麻磡村位于今南山区西丽街道,清末民国时归南头城管辖,为客籍村落。1920年在香港受洗学道并受发书职的村民张广鹏在此地开办教堂以及一所学校。教堂采用土木结构,坐东北朝西南,平面呈长方形,六开间,面阔约 17 米,进深 7.5 米,占地面积约 127 m²,从现已倒塌仅残存部分墙壁,可看到入口大门仍保留有模糊的天主教十字标志。麻磡村受基督宗教影响较深,最盛时村民一半信奉天主教一半信奉基督教。

图 3-9　南山区西丽麻磡村天主教堂现址遗存

（笔者拍摄）

3）黄麻布村耶稣君王堂

位于今宝安区西乡街道黄麻布老村,为罗姓客籍围村,村内有天主教堂和基督教堂两堂并立。天主教在黄麻布村的传教活动最早始于 1898 年（光绪二十四年）,晚于基督新教巴色差会,传教士最初租赁房屋传教,后于 1929 年（民国十八年）开始在村东北角修建天主教堂,占地面积约 200 平方米,建筑面积 100 平方米,建成后堂名为"耶稣君王堂"。新中国成立前村内居民约有一半信奉天主教,有教友 50 人。

4）水田村教堂

水田老村清至民国时属乌石岩墟管辖,村内天主教堂兴建于 1930 年（民国十九年）,建成后祝圣为"善道之母堂",教堂规模不大,新中国成立前有教友 40 人。1999 年教堂经过重修,再次开放（见图 3-10）。

图 3-10　改建后的石岩水田老村天主教堂

(笔者拍摄)

5）白石龙村圣弥额尔堂

白石龙村新中国成立前属龙华墟管辖，村内天主教传教活动开始较早，早在1868年（同治七年）便有传教士来此传教，早期的建筑已无从考证，现址教堂始建于1929年（民国十八年），由香港神父资助建立，至1930年建成，堂号"圣弥额尔"。1941年，在广东人民抗日游击队的协助下，600多名滞留香港的文化名人和爱国民主人士经深圳河转移到龙华白石龙村，当晚宿于白石龙天主教堂中。教堂建筑面积不足80平方米，曾因年久失修而破损，现已经过修复并与旁边的陈列馆、复原草寮等建构筑物一同作为营救文化名人纪念馆开放。

6）山咀头村玫瑰堂

龙华镇的另一座规模较大的教堂在山咀头村，在20世纪30年代这里形成了县城的一个小的教区。山咀头玫瑰堂始建于1925年（民国十四年），至1927年建成，附属建筑有教士住所一处，后又开办附属学校一座，现址均已不存。相对于县中的其他教堂，这座教堂的教众人数最多，1936年至1948年最盛时曾达到180余人。

7）四方埔村天主堂

早前四方埔村所在的龙岗镇坪地归属于惠州府归善县，四方埔村亦不属于新安县境，但在此处传教的林荫棠神父同时也负责新安县葵冲屯洋教区，坪地与屯洋的传教工作当属一脉。林荫棠神父在本村马来西亚华侨的资助下于1905年（光绪三十一年)开始在四方埔村建神学院及安老院等,形成当时一个规模较大的传教建筑群,包含两座占地近500平方米的庭院式两层校舍楼,以及旁边两座"丁"字形的安老院建筑,总占地面积达到5 000平方米,是新中国成立以前深圳地区规模最大的一座天主教建筑群。该堂以传道培训及慈善养老为主要功能,教堂并非单独设立,而是位于其中一座校舍中,面积约90平方米。发展到后来,林荫棠神父将原有学校开办为"大同中学",使该堂发展为影响范围扩及新安、惠阳、海丰等的传教培训中心,为这些地区培养了诸多传教人才。后于20世纪30年代受到抗日战争的影响,该堂的学校和安老院相继被关闭,至抗日战争胜利后由国民政府改作民办学校使用。

8) 塘坑村教堂

和四方埔村教区一样,塘坑村在民国以前亦不属于新安县境,但同时也与屯洋、坪地一带的天主教传教区为一脉。塘坑村最早在1868年(同治七年)就有天主教传教活动进行,发展到20世纪初,全村村民皆信仰天主教。该村教堂始建于1925年(民国十四年),两年后建成并举行祝圣,堂号"圣母无染原罪堂",教民110余人,抗日战争时期受影响而衰落。

表 3-3　清末民国时期新安县天主教堂分布表

	堂名	地址	兴建年代	人数 (1936—1948)	2010年情况
1	圣弥额尔堂	南山区南头古城	约1862年,1911年修	85	完好,1992年重开
2	天主之母堂	南山区西丽街道麻磡村	约1920年	150	残存已收回,无开放
3	耶稣君王堂	宝安区西乡街道黄麻布村	约1929年	50	收回后重建
4	圣方济各堂	宝安区西乡街道臣田村	1949年以前(时间不详)	21	无存
5	公所	宝安区西乡街道凤凰岗村	1949年以前(时间不详)	60	无存
6	普通之母堂	宝安区石岩街道水田村	约1930年间	60	1999年重新修复,登记开放
7	公所	宝安区松岗街道西方村	1949年以前(时间不详)	75	收回后重建

	堂名	地址	兴建年代	人数(1936—1948)	2010年情况
8	天主堂	宝安区观澜街道茜坑村	1949年以前（时间不详）	80	残存已收回，无开放
9	圣母无染原罪堂	宝安区观澜街道松元厦村	1949年以前（时间不详）	90	无存
10	玫瑰堂	龙华新区山咀头村	1925—1927.10.21	170	无存
11	圣弥额尔堂	龙华新区白石龙村	1920—1930年9月30日	130	完好，已收回，开放
12	圣家堂	龙华新区罗屋围村	1949年以前（时间不详）	60	无存
13	公所	龙华区大浪街道横朗村	1949年以前（时间不详）	25	无存
14	善道之母堂	龙岗坂田街道岗头村	1949年以前（时间不详）	53	完好，未收回
15	圣若瑟堂	龙岗坂田街道坂田村	1949年以前（时间不详）	45	2000年修复，并登记开放
16	圣母无染原罪堂	龙岗区横岗街道塘坑村	1925—1927.4.24	110	残存已收回无开放
17	天主堂	龙岗区坪地街道四方埔村	1905—1927年间	40	完存，近5 000平方米
18	玫瑰堂	大鹏新区葵涌街道土洋村	1925—1927.12.7	90	1998年对外开放
19	天主堂	坪山新区坪山镇	约1917年	70	有存，具体情况不详
20	圣若瑟堂	大鹏新区葵涌街道上洞村	约1925年	70	现存，未收回
21	圣伯德禄堂	大鹏新区南澳街道水头沙村	约1925年	150	残存，1999年初被毁
22	天主堂	原址江头仔村	1949年以前（时间不详）	100	无存
23	天主堂	原址深圳墟北门	1949年以前（时间不详）	82	无存
24	公所	原址窖吓村	1949年以前（时间不详）	60	无存

（内容来源：深圳市宗教局《宗教志》）

＊堂点以深圳史志办公室汇总的1946—1949年的统计为依据，并结合2014年实地调查结果略有调整

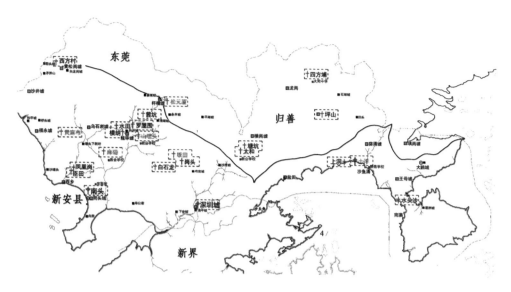

图 3-11　1839—1950 年间深圳地区天主教堂点分布
(笔者自绘)

天主教传教区 ⌐---⌐　天主教总堂点 ⌐---⌐　天主教传教点 ⌐---⌐　教会学校 ■ (村落名称绿色为客籍村落,黑色为广府村落)

近代深圳地区的天主教教会建筑包括教堂 20 座、公所 4 处、学校 5 所,以及育婴堂、养老院、圣山墓地各一处。从堂点的分布来看,天主教在深圳地区西部的传教活动胜于东部,并且集中分布在南头、龙华、坂田等地,传教点数量占到深圳地区总数的 2/3。但实际上,这些传教点的教会建筑规模并不大,除南头、山咀头与白石龙外,大多数教堂或公所以当地民居为原型,一般为三开间的房屋,所容纳的教众人数有限,部分教会建筑如西乡臣田村的圣方济各堂、龙华横浪村的公所,教民仅 20 余人。深圳地区东部的教堂分布不集中,这与东部多山地、村落间的联系没有西部地区密切有关,以坪地、塘坑、屯洋三地为主要据点,堂点的辐射范围也更大一些,其中的坪地四方埔村堂区更是深圳地区新中国成立以前最大规模的天主教建筑。20 世纪 30 年代后,主持东部地区传教工作的意大利籍江志坚神父经常往来于惠州、香港等地,该区域的传教活动呈半停滞状态。

3.4 本章小结

本章结合教会的传教历史资料,历时性地考察基督新教与天主教于1839—1950年间在深圳地区的传教历程与教会建筑的建造和分布情况。基于传教策略的不同,基督新教与天主教这两种不同的传教体系在传教据点的选择和教会建筑的建造上呈现出一定的共性和差异。

两者的共性体现在:从整个区域来看,无论是基督新教还是天主教,西部的传教活动和教会建筑建造活动都盛于东部,客籍地区盛于本籍地区;传教点的选择并不一定是在政治或商业中心,但往往与这些中心乡镇有良好的交通;在西部的平原地区教堂点往往分布集中,但彼此之间联系密切,而在东部的低山丘陵区较为分散,每个堂点的辐射区域受地理与交通因素的影响而较有限,彼此间联系少。

但是,通过本章对传教史的探究、对传教据点以及教会建筑的分布整理能够看出,两者的差异性远大于共性:从建造时间上来看,基督新教的教会建筑早于天主教,新教进入新安地区的时间较早且初期发展兴盛,天主教晚于基督新教且早期多以租铺传教的形式为主,教堂的建造活动较少。1925年以后受到国内外局势、战争因素、社会因素和经济因素等影响,基督新教的建造活动基本停滞,天主教在香港教区的支持下陆续建造和重建了一批教堂,使得两者教会建筑在建造时间上表现出较大的差异;另外,基督新教自进入深圳地区以来即大力兴办教会学校并发展慈善事业,以此作为推动传教工作的助力,在深圳地区绝大多数的新教堂点均设置中学或小学,而天主教开始兴办学校已是在近代中期①以后了,且数量上较基督新教少很多。

---

① 1928年(民国十七年)教皇(天主教)在承认和支持国民政府的通谕中,号召中国教徒组织和发展公教进行会,以"对和平、社会幸福做出应有的贡献,……传播基督的恩泽"[28]。欧美列强尤其是美国,为"造成中国为一基督教民族",竭力主张在中国大力兴办教会教育,让中国的少年接受基督教文化熏陶,按照教士们编写的教科书接受宗教道德教育。为此,天主教在新安县传教布道的同时,各堂所大多设立学校,兴办医院、孤儿院等慈善机构。

　　两者在传教据点选择上的差异更为明显。作为近代深圳地区规模和影响力最大的教会之一,基督新教巴色会传教士深入新安县内陆客籍地区建立据点,并长期驻扎,与天主教占主导地位的香港教区联系并不紧密,传教士在新安县地区逐步建立自己的传教体系。他们在广大乡村地区进行传教活动,贯彻自下而上的传教策略,在中心据点的选择上并不十分看重其经济、社会、文化的发达程度,而更倾向于考虑中心据点与周边地区在区位联系上的便利性,因此交通便利且村落数量众多的深圳中西部的广袤平原地区成为其传教的主要区域,形成了以李朗、浪口、樟坑径为中心的三大重要堂区。对比中西部地区,其在东部地区以葵涌为主堂点的教区内,传教据点之间的联系并不紧密。巴色会传教活动在客籍地区的蓬勃发展使得巴冕会将传教据点选择在沿海地区重要的广府村镇中,这些堂点的规模和影响力都低于巴色会的客家传教点。而天主教在新安县地区的发展主要依托于香港教区,因此其中心堂点的选择注重与香港的联系,其三大主堂点(南头、深圳墟、葵涌土洋)都与香港有直接便利的海路或陆路交通要道,天主教传教士立足临近香港的三个主堂点,深入新安县内陆传教,传教士的流动性很大,传教范围也很广泛。

　　综上总结,近代深圳地区的基督宗教传教模式大体分为三种:中心据点辐射发展模式、重要城镇管辖大区域内附属堂点的模式以及处在交通要道的传教据点统筹教区发展的模式。在下面一章的内容中,将根据这三种不同模式对其传教据点的教会建筑实例进行分析。

——第四章——
深圳地区现存近代教会建筑典型实例分析

本章将从教会建筑本体和所在的村落景观及建筑两方面对调研点进行实例分析,研究框架如下:

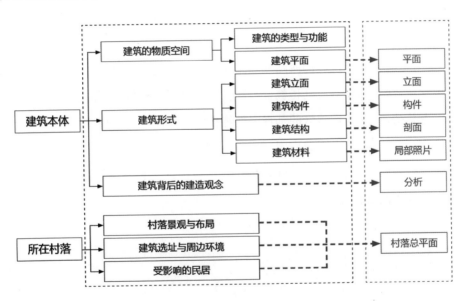

图 4-1　关于建筑的研究内容
(笔者自绘)

4.1　深圳地区近代的教会建筑遗存情况调研

深圳地区的教会建筑遗存数量不多,保留有实体的建筑更是屈指可数。保存较好的南头古城天主教育婴堂、葵涌东江纵队司令部旧址(原天主教堂)、布吉老墟村基督教堂、浪心古村基督教堂与虔贞女校、白石龙天主教堂等已成为文物保护单位,其他不少老教堂被拆毁后在原址或附近重建,也有一部分未被深圳基督教、天主教爱国会收回,未受到保护而破败。另有一些建筑虽现址已不存,但仍留有一些珍贵的影像文字档案,这些资料对研究当地教会建筑的建造背景及目的、建造者的背景、建造环境及建筑材料、结构、形式等有重要的价值。笔者对深圳境内历史上曾建造的教会建筑现状、所在村落建筑及景观保存现状进行全面的实地调研,包含有基督新教的 26 座教堂、17 所教会学校、1 处圣山墓地①,天主教的 20 座教堂、1处育婴堂②、4 处公所、6 所教会学校、1 处安老院③、1 处医院④(调研情况汇总见附录一至四),其中能够较好地还原建筑及所在村落情况的调研点有 7 个(见图 4-2)。

图 4-2　深圳近代教会建筑遗存分布图
(笔者自绘)

遗址现存老建筑●　遗址新建建筑◉　遗址存建筑废墟⊗　遗址建筑不存Ⓜ
＊红色为天主教教会建筑遗存,绿色为基督新教教会建筑遗存,黄色代表周边村落保存较完备

对这 7 处教会建筑所在地,笔者进行了深入的调研,包含对现存教会建筑遗迹

---

①　位于龙岗区南湾街道上李朗村的暗摩岭。

②　育婴堂位于南头古城东北角,原有圣米厄尔教堂,后在中法战争中被破坏,在嘉诺撒女修会的资助下于 1912 年将原址教堂的附属孤儿院重修扩建为现在的南头育婴堂。

③　安老院原址位于坪地四方埔,与四方埔天主堂、大同中学共同构成四方铺的教会建筑群。

④　医院原址位于南头古城外大新街,现址已不存。

的测绘,对部分形制特殊的民居的测绘,对整个村落建筑及景观的勘察记录以及对教堂传道和村民的访谈等。根据调研情况和对历史文献的掌握,结合第二章对深圳地区近代传统村落体系的探究,将这 7 个案例按照传播路径与模式的差异分为三种不同类型:第一种,在地势开阔的村落组团中以一个据点为中心向周边辐射发展的类型,这种模式又分为线性辐射与发散性辐射,区别取决于地理因素、交通因素、经济因素、宗族因素等造成的村落关系紧密与否;第二种,以区域内地位特殊的村镇为发展中心,如政治中心、交通中心、商业中心等;第三种,以地处交通要道的村落为中心,这些地区通常由于其交通条件的优越而成为联系其他传教村落的重要据点。

4.2 中心据点教会建筑实例分析——以龙华浪口传教中心为例

从整个深圳地区近代传教据点的分布来看,无论是天主教还是基督新教,以浪口为传教中心的龙华、以樟坑径为传教中心的观澜和以李朗为传教中心的布吉,其据点分布密度和堂区规模都超过其他地区很多。它们地处深圳地区中心的平原地区,村落密布、交通发达,在这里广府与客家村落并置,来自各地的移民聚集在此,地域文化多样且包容性强,基督宗教在这里的传播得到了很大的发展。这一部分将以龙华浪口为中心的传教区域为例(见图 4-3),从教会建筑本体、村落民居及景观、教会与村落关系的角度,探讨该种类型传教地区教会建筑的发展与影响。

龙华圩建立于 1856—1875 年(清同治年间),位于龙胜堂地域,之前这一地区的商业中心处在与观澜临界的清湖墟。浪口村即位于龙华圩这一新兴的商业中心北侧,随着龙华圩的发展,以浪口为中心的传教活动也在这一时期开始逐步兴盛。以浪口传教中心的几个堂点都分布在羊台山北麓至旧时佛子凹一线上。据嘉庆《新安县志》记载:"佛子凹,在二都、三都交界处。"位置相当于现今机荷高速西段;羊台山北麓旧时便有道路,这一点从三祝里和水田村的相对位置,以及这一线上的其他村落如泥冈、塘坑、横朗等可以看出。当时以浪口为传教据点的巴色差会教士基本上沿着羊台

山西麓至佛子凹一线开展传教活动,向西一直延伸到沿海的福永①。(见图 4-4)

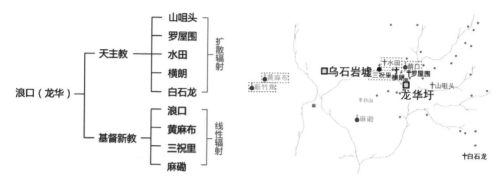

图 4-3 龙华浪口的辐射传教点及分布

(笔者自绘)图中标注地名考自 1866 年《新安县全图》、康熙《新安县志》、嘉庆《新安县志》,"黄麻莆"即今黄麻布村、"簕竹塘"即今簕竹角村、"麻岾"即今麻磡村、"三祝堂"即今三祝里城村、"龍华圩"即今龙华

* 黄色表示能够较好地还原教会建筑及所在村落的情况,将在以下部分作详细介绍

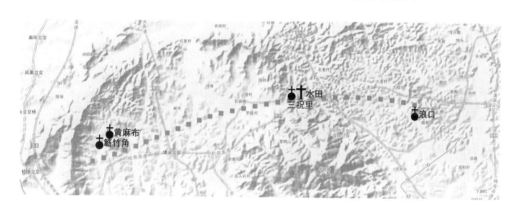

图 4-4 浪口至黄麻布一线上的村落教会建筑调研点
(地图来自"天地图"官网)

4.2.1 龙华浪口教堂与虔贞女校

1) 浪口基督教福音堂与虔贞女校的建筑演变

浪口堂始建于 1866 年(清同治五年),后于 1891 年建成虔贞学校,福音堂与校

---

① 巴色差会教士骆润慈 1893 年在福永梁姓信徒家中设宣道所传教,并未设教堂,福永教堂归属于巴冕会,建于 1859 年。

舍形成了当时浪口村中颇具规模的建筑群(图 4-5)。建筑建成之后历经多次改造,前期改造中(1900—1910 年)建筑群落不断扩大,教堂和学校的附属建筑增多。在 1908—1910 年间传教士拍摄的教堂照片中还可以看到在现在保留的二层有外廊的小楼北侧、现今新教堂的位置上另有一座两层建筑,其建筑样式非常近似于1925 年改造后的葵涌基督教新堂,屋顶一侧有近似于中国传统官式建筑中的歇山顶。此外,原有的两层教堂屋顶由硬山改为类似官式建筑中最高形制的庑殿顶也显示出了这种倾向,但正脊和垂脊的体量都不凸显,亦没有出现传统建筑中吻兽或深圳地区宗庙建筑中常见的鱼尾、雕龙装饰,使得整个屋顶呈现既非西式也非传统的折衷风格。

图 4-5　1887—1901 年的浪口教堂

图 4-6　1908—1910 年的浪口教堂
(右上为 1925 年的葵涌教堂)

之后北侧的教堂被拆除,1917 年后虔贞学校校舍几经拆建。与前期(图 4-7)的区别在于,改造后的校舍均为两层建筑,开窗面积增大,两座建筑背立面上出现了民居中并不常见的柱廊。在当地,柱廊的做法多出现于宗祠和宗庙建筑的屋身正面,具体做法是:屋身三间,两侧山墙承重,中间立柱两根,墙身后退,形成柱廊。这种空间在宗庙建筑中出现意在强化空间秩序,增强公共建筑的仪式感。虔贞学校校舍中柱廊的做法却有很大的不同,首先它将二层建筑的屋顶向前延伸,形成一个檐下灰空间,伸出的屋顶靠独立于建筑体外的四根立柱支撑,作用更近似于一个遮阳遮雨的檐廊(见图 4-8)。

图 4-7　1901—1903 年的虔贞女校校舍

图 4-8　1917 年改建后的虔贞学校校舍

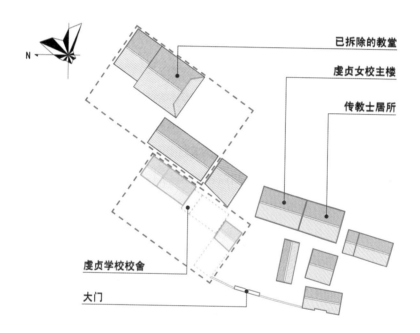

图 4-9　现今浪口堂建筑遗存情况
（笔者自绘）

　　现今浪口堂和虔贞女校的原址上保存基本完好的有两层带外廊的教堂小楼、周边的六座附属建筑以及原来的大门，北侧被拆除的教堂旧址上新建了一座四层的新式基督教堂。2007 年虔贞女校旧址被列为宝安区区级文物保护单位，建筑群前开辟了供社区居民活动的广场。（如图 4-9，红色为现在保留的老建筑；绿色为 1917 年后改建的虔贞学校校舍，现已不存；黑色为已经被拆除的教堂）。

图 4-10　现在的浪口新教堂、虔贞学校和老福音堂建筑群
（笔者拍摄）

（1）建筑的物质空间

单从平面来看，浪口堂保留下来的建筑中绝大多数都未脱离传统民居的建造规制，但虔贞女校主楼平面上却具有明显异于本地传统民居的特征。这座建筑面朝西，略偏北，近似矩形，长约 13.83 米，宽约 11.83 米，从首层平面与结构布置来看，建筑可认为是三开间。房屋进深 9.35 米，但开间宽度不均等，自北向南依次为 4.53 米、4.16 米和 3.65 米，最南一间西侧突出约 1/3 的开间。建筑西侧屋顶向前延伸，由 6 根立柱支撑，形成一宽约 2.15 米、贯通整个建筑正立面长度的半开敞外廊。与中国传统建筑开间与廊柱间距成统一模数的特征不同，这座建筑的外廊立柱所显示出的分割单元与开间数完全没有对应关系，与开间宽度的不均等形成对比的是，六根立柱将建筑的主立面划分为完全平均的五段。从平面上看，除去柱廊，建筑本体上的开窗是与其开间相对应的，开窗位置也基本处在开间的中轴线上或相对称。建筑内部无楼梯，仅西北角有一木质楼梯作为连通一层与二层的垂直通道。（见图 4-11）

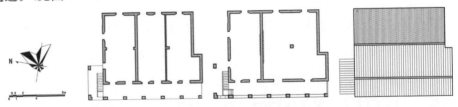

图 4-11　浪口堂虔贞女校主楼平面
（图片来源：王浩峰老师测绘提供）

（2）建筑形式

与中国传统建筑一致，这座建筑的主立面为开间方向的立面，这与大部分西方教堂以中国传统意义上的山墙面为主立面的做法不同。在建筑平面中已能够看出柱廊的立面划分与建筑本体的开间不相对应，而之所以在房屋南侧增加一段开间，主要受到正立面构图设计的影响。正立面一层做拱廊，若按原有的三开间宽度只可做四间，但拱的跨度会过大而影响立面比例的协调，正立面增加一定宽度后可做成五间比例适宜的柱廊，可见虽在一定程度上未脱离地方民居的规制，但建筑整体上占主导地位的是带有西方建筑特色的立面形制，传教士在接受中国地方传统民居模式的基础上，坚持自身凸显的、符号化的建筑要素。（见图 4-12）

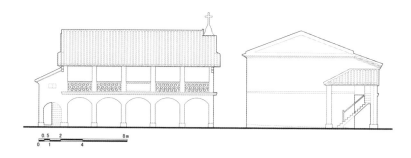

图 4-12　浪口堂虔贞女校主楼西立面与北立面
（图片来源：王浩峰老师测绘提供）

建筑立面上出现了诸多外来建筑元素，如正立面上的双层外廊、扁平的拱门、拱券加柱式的浮雕壁龛等，这在 19 世纪下半叶的岭南传统客家村落景观中是非常突出的。除此外，也有部分构造基于中式传统建筑构件的做法，结合后创造出折衷式的元素，如主立面遮挡侧楼梯的墙上所嵌的窗格，这种尺寸较小的装饰性窗在中国古典园林十分常见，用在此处却突破了传统建筑的常规，但与下方的拱门形成一种和谐的关系。二层外廊的围栏不同于中国古代木构建筑中的石作、木作栏杆，而是用砖砌造的栏板，其十字式的镂空图案也与该建筑的宗教背景相得益彰。檐下的垛头相对于中式传统建筑层层弧线叠加的样式，其曲度更小，形成更加舒展的流线形线条。（见图 4-13）

从结构上来看，中式与西式合并的特征也非常明显。由平面和剖面均能看出，

图 4-13　虔贞学校大门及主楼上的部分建筑细节
（笔者自绘）

建筑的主要承重体是墙和柱,这与深圳地方传统民居是一致的。建筑屋面的承重形式却与传统做法截然不同,中国古代建筑无论是抬梁式、穿斗式的木构建筑还是墙承重的建筑都是开间方向的檩搁置在承重体上,其上布置进深方向的架瓦的椽,但这座建筑坡屋顶的承重结构却是西方的木建筑结构——桁架结构,三角形的木桁架落在石料构造的墙体上支撑起屋面,这是中世纪以德国、瑞士、奥地利、法国为代表的欧洲国家民用住宅中最常见的结构形式。另一开间里出现了本地极为少见的拱券结构,大跨度的拱券架起纵墙上的檩条,打通了相邻两个开间,形成较大的教室空间。[12]成立于德国的巴色差会,其教士也多来自德国、瑞士等地,他们将本国的常见房屋构造形式植入到中式的乡村民居中,使那个时期的村落居民们得以见到一种完全不同于自己本土的木构架形式。从这一点也可以看出这座建于近代早期的教会建筑,其建造者多半可能是与教士们同时来港的建筑工匠。（见图 4-14）

图 4-14　浪口堂虔贞女校主楼剖面
（笔者自绘）

（3）建筑背后的建造理念

建于近代早期的浪口堂教会建筑群根据深圳本地的地理气候特征，将外来的建筑空间形式、立面要素和结构体系整合到传统的本土民居中，创造出折衷式的建筑形式。对当时的浪口村村民来说，这些建筑是特殊的，但由于其脱胎于传统民居，使人们对这种不同于本土建筑景观的形式不至于十分地抵触。这种附着于建筑体的外来文化也是传教士在地方民众中使用的一种传教工具，村落建筑低矮封闭，空间局促，也没有良好的采光通风条件，传教士所建的建筑向本地村民展示了另一种更为舒适优越的生活方式，促使民众去效仿。并且在发展的过程中，教会建筑有意识地采用歇山顶、庑殿顶等传统官式建筑符号，这在以简单的硬山屋顶为主的传统村落建筑景观中显得尤为突出，可见在某一方面，村落中的传教士们也希望借由这样的手段，使得教堂在当时村落中的地位演变为一种可与官式建筑所代表的中心政权相匹敌的精神统治。

2）浪口村古民居与村落景观

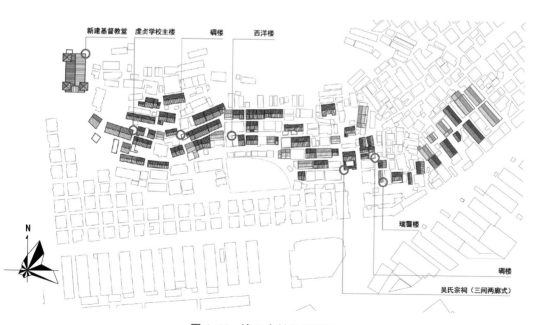

图 4-15　浪口古村总平面图
（笔者自绘，底图摹绘自"天地图"官网）

* 教会建筑▨▨▨　含有外来建筑元素的传统建筑▨▨▨　未受影响的村落传统建筑▨▨▨

（1）村落景观与布局

浪口古村近代时期为吴、刘两姓宗族聚居的客家村落，自康熙年间迁至此处定居已有三百余年。依据古代风水择址理念，村落坐东面西依山布置，山势左高右低，村前有河自南向北蜿蜒流过。村落房屋东西七排，南北十四列，大多为一进无天井布局的民宅，不同于龙岗客家村落形制严谨的围屋或围村格局。处在深圳中部地区、羊台山山系的浪口村仿照广府村落的梳式布局，由东向西拾阶而上的道路构成村落的主街，并向南北分出较窄的支路连接各排房屋的正面。房屋沿山势走向自由布置，错落有致，但村内道路畅通，交通网格分级明确，形成有序的村落布局系统。（见图4-15）

作为客家村落，它保留了村前的月池、村树景观，形成了一个聚集感很强的核心公共空间，吴氏祠堂就坐落在月池南侧。村内具有公共属性的建构物穿插在民宅中，大多位于纵横村路的交叉节点上，如碉楼、广场古树、古井等，房屋的少许退让使这些节点形成一个小的开敞空间，以作为宗族聚会、邻里交往的公共场所。

（2）教会建筑的选址与周边环境

浪口堂和虔贞女校的选址位于浪口村最北侧地势较高的山脚坡地上，无论是所处位置的地势还是建筑本身的高度，在以单层房屋为主的近代早期深圳传统乡村景观中是突出的。从老照片中可以看出教堂面临田地，一方面它位于村落横向街道路系统的末端，与村落有良好的沟通关系；另一方面又有单独于村落道路网格的田间小路通向建筑，形

图4-16　基督教浪口堂近景（1913—1914年）

成独立通道。教堂远离村落宗族的公共聚会空间，其建筑彼此之间以低矮的围墙、围栏、台基围合成一个独立的空间领域，但其建筑本身地基的高度和矮墙围栏形成的空间领域使得人们即使站在围墙外也可窥见该建筑群之全貌。诸如此类的处理方法体现了教会建筑作为村落的一种异质景观，它一方面独立于以宗族体系支撑的村落空间系统，另一方面又希望通过交通的联系、异域文化形象的展示与村落产生对话，吸引村民接触他们的宗教文化。

（3）受影响的民居

从浪口村总平面上来看,距离浪口堂最近的一些村落建筑在形式上其实并未受到教会建筑太大的影响,实地调研中看到有一些房屋部分外层涂面材料已剥落,露出内部夯土或黄泥砖墙,建筑层高低矮,有些低至 2.2 米,可以看出这些房屋建造的年份较早。建筑风格上受影响的建筑大多分布在月池周围和村落南侧,在受影响的方式上也有一些差异:月池周围的房屋基本上都是在某些片段上表现出外来元素的影响,如尺寸放大的窗子或附加的门楼,建筑本体基本保持原有形制不变,这些建筑的层高大多在 3 米左右,推测为早于或与浪口堂同时期建造的房屋,在受教会建筑的影响之下村民自发对房屋进行了改造,所含的外来元素均为附加上的,并不在建筑本体的系统之中;吴氏宗祠以南延伸到村落边界的一些建筑从布局网格上来看与原本成排成列的村落格局不一致,且由吴氏宗祠的位置来看,它在建村时应当是位于村落的最南侧,在宗祠以南建起的这些住宅显然是在村落后期的发展中建造的,门楼上做露台并围以石质围栏,部分建筑可见到大尺寸的外窗、拱廊,这些房屋的外来元素已纳入整个建筑体系之中,是后期较为成熟的建筑形制。(见图 4-17)

图 4-17　浪口村呈现外来建筑元素的民居(山墙面的窗、门楼上的阳台)
(笔者拍摄)

总体来说,受教会建筑影响的民居分布与教堂的位置并没有明显的关系,更多的是与建筑的建造年代有关,越发展到后期的建筑越对异质的元素有较强的接纳性。在浪口村民居中出现的外来建筑元素多取决于实际的功用,如可提高室内采光条件的大尺寸的窗户、为村民扩展室外活动空间的二层的阳台。

4.2.2　三祝里福音堂与村落古民居

1）三祝里福音堂

三祝里的传教活动始于 1902 年，但开始并未建造教堂，巴冕会的外国教士在此租赁房屋传教，从瑞士巴冕会的档案馆老照片中可以看出当时拍摄的教士与信众合影中的房屋并非后来的三祝里教堂，其建筑层高较矮、且后面直接与一座更高的黄泥砖砌筑的建筑相连，故推测仅为当时的租赁传道场所。三祝里基督教福音堂建造于 1937 年，是深圳地区近代建造较晚的基督新教教堂，结合当时基督新教的传教背景，一方面由于国内战争和反基督运动的影响，传教活动进入了停滞期，教会建筑的建造活动大幅度缩减；另一方面，此时外国传教士已撤离深圳传教区，仍在此地负责教务活动的都是本地的牧师。在这种背景下，三祝里福音堂由本地牧师主持、地方工匠建造，其建筑主体的形式与本村传统民居无异，为五开间硬山顶的单层房屋，入口处墙体向内退入一段距离形成檐下空间。作为教堂，它使用了一些建筑符号来强调其教会建筑的属性：首先，它保持了教堂的建筑空间需求，五开间的明间为礼拜讲经的场所，两侧用以辅助休息，在空间上维持对称性；另一方面在外立面上，它运用了拱形浮雕线脚和典型的立柱加流线型山墙，这些要素与建筑体本身并未形成融合关系，仅仅是附加于其上的符号象征（见图 4-18）。现在三祝里基督教堂已被拆除，原址上新建了一座四层带钟楼新型教堂。

图 4-18　三祝里教堂老照片
（图片来源：中国基督教教会工商大全）

这座教堂在某一方面体现了本地人的教堂建造理念,当时基督教在该地的传播受阻,地方民众要求教会自治,外国人的直接影响已被抹除,建筑反映出的本土特征更加突显。

2）三祝里村民居与村落景观

三祝里村为广府村落,坐东面西靠山而建,村西侧河流流过,村落规模较小,且现在村落中保留的老建筑不多,祠堂已不存,仅有老村北侧13座老住宅仍未被拆除。从遗存下来的这些房屋可以看出,村落纵横两个方向的道路构成交通网格,南北沿建筑开间方向的道路较宽为主路,东西向较窄为支路,道路网格很规整,是广府村落的典型特征。虽然建筑遗存数量少,但仅从这一部分的片段中就可以看出,

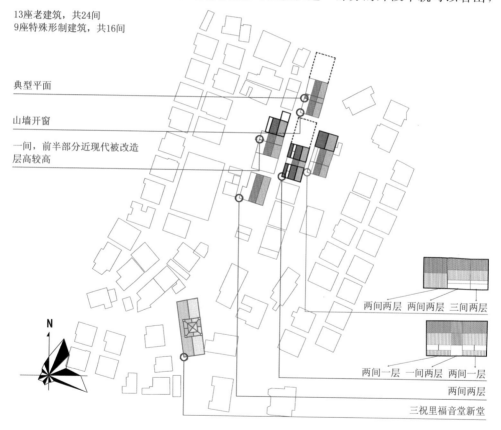

13座老建筑,共24间
9座特殊形制建筑,共16间

典型平面

山墙开窗

一间,前半部分近现代被改造
层高较高

两间两层　两间两层　三间两层

两间一层　一间两层　两间一层

两间两层

三祝里福音堂新堂

图4-19　三祝里村总平面图
（笔者自绘;底图摹绘自"天地图"官网）

＊教会建筑▨▨▨　含有外来建筑元素的传统建筑▨▨▨　未受影响的村落传统建筑▨▨▨

有外来建筑元素的房屋所占比例是很高的,这13座建筑中有3座典型的一间两廊式的广府民居,1座两层两间的排屋式民宅,其他建筑均出现外来建筑元素。这些建筑将广府民居的门廊和天井部分做成阳台,用围栏进行装饰,阳台前伸在入口处形成一个空间的做法与传统广府建筑中檐下空间极为相似,这与受外来建筑影响的客家民居中门楼的改造方法是不同的。(见图4-20)

图4-20 三祝里村受教会建筑影响的民宅
(笔者拍摄)

在笔者的调研中发现,村子最东一排南侧的第68号民宅是一座三间两层、形制特殊的房屋(见图4-22)。首先,与其他受影响建筑主要表现在阳台围栏、窗户尺寸大小等方面相比,这座房屋体现出的外来建筑特征更明显,大门正上方有柱式和山墙,从侧立面上看檐下有柱廊,正立面上北侧一间大门左侧在围栏下残留有一涡卷造型的装饰构件(见图4-21),从它所处的位置来看应不是柱头,这种装饰构件

图4-21 建筑正立面上的涡卷装饰
(笔者拍摄)

在一般的民居上面是罕见的;其次,相比于村落中其他建筑二层阳台前伸的做法,这座建筑的阳台围栏更加类似于受教会建筑的影响的客家村落中门楼的处理方式;并且,这座建筑虽然从正立面上来看有两座相同形制的门楼片段,但建筑本身是三开间的,这种正立面与建筑平面不相对应的做法在之前介绍的浪口堂虔贞女校建筑中也出现了。这座建筑在三祝里这一广府村落中的出现看似不合常理,但

我们可以这样理解:三祝里堂点是归属于巴冕会浪口堂区管理的,除却三祝里以外的其他几个堂点,如浪口、黄麻布、麻磡均为客家村落,三祝里与黄麻布堂点的建立时间很接近,在对黄麻布村进行调研时发现其相邻的籂竹角村出现了一座形制与68号民宅极为相似的建筑(将在后面进行详细介绍),管理人员介绍这座建筑登记为教堂,归属于现在的深圳基督教爱国会,由此可以推测与其相似的三祝里村这座建筑的建造者很有可能是在三祝里村传教的巴色会外国传教士。它是由外国教士直接从客家村落带来的建筑形式,虽它与本村受影响的广府民居在外观形式上没有太大的差异,但与其根本区别在于不同的建造处理方式。

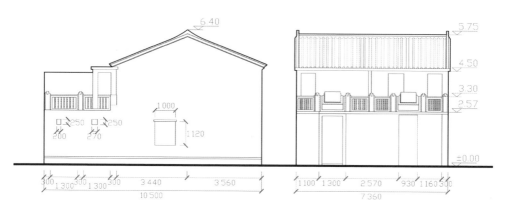

图 4-22 三祝里村 68 号民宅的正立面与侧立面
(笔者测绘)

4.2.3 黄麻布村:基督新教与天主教的并立

1) 基督教堂与天主教堂

黄麻布村是深圳地区仅有的天主教堂与基督教堂仍然并存的古村落,在历史上出现同一村落并存这两种宗教的除黄麻布村外,另一处是原属布吉镇的坂田村,但村中现仅存天主教堂,原属巴冕会的坂田基督教堂原址已不存,且未被基督教爱国会收回。现今走进占地1.24万平方米、仅存22座清代老建筑的黄麻布老村,依然可以看到一座新建的天主教堂与一座新建的基督教堂矗立在村中,这2座新教堂原址上的老建筑均被拆除重建(图4-23)。其中,黄麻布基督新教传教活动比天主教开始的较早,1893 年巴色差会牧师骆润慈来此传教,并借用信徒的家宅作为宣道场所,后于 1903 年由教友集资买下树山下的一块土地建成黄麻布基督教堂,后来教堂因年久失修而被拆除,2006 年在原址上建起了现在的基督教黄麻布堂。而天主教堂建于 1912 年,在黄麻布村的东北角,占地两千平方米,建筑面积一千平方米,1993 年老堂重新开放,后于 2013 年拆除重建新堂。

黄麻布村中的这两座教堂均已拆旧翻新,原来的建筑面貌均已无存。在实际的走访中发现,在黄

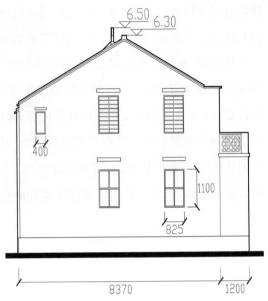

图 4-24(1)　籁竹角村疑似老教堂的侧立面
（笔者测绘）

麻布村的西南方向约 1 公里处有另一座古村——籁竹角,其中一座 6 开间的建筑性质较为特殊,经村内的管理人员介绍,这座老房现在的用途仍为教堂(见图4-24)。在这座建筑靠北的 3 个开间立面上可以清晰地看到类似于教堂正立面山墙的建筑符号,这与在三祝里村发现的 68 号住宅有相似的立面形式,推测其为基督新教的教堂或宣道所。不同的是,无论是立面还是屋内的空间均是以大

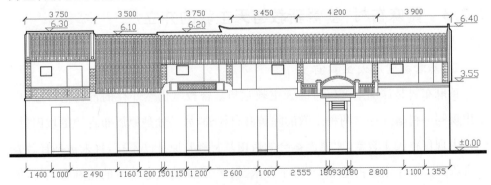

图 4-24(2)　籁竹角村疑似老教堂的正立面
（笔者测绘）

门上有西式山墙的开间为中轴左右对称。这座建筑似乎可以用以推测黄麻布村老基督教堂的建筑形式,这种坡屋顶双层主楼前加单层门房、门房上做阳台、正中大门上有柱式及山墙的做法,极有可能是教会建筑的一种通用样式。尤其是入口大门的做法,应当是巴色差会教会建筑的重要符号,例如浪口基督教堂规模较大,并未发现类似于三祝里和勒竹角村相似的单体建筑,但虔贞学校的大门采用了这种装饰样式,包括建造于1937年的三祝里教堂,虽由本地人设计建造,基本是传统民居的形式,但仍然在大门之上附加了山墙这一建筑符号。

图4-23　黄麻布村基督教堂与天主教堂并立

(笔者拍摄照片合成)

黄麻布天主教堂建于村落的东北角,现址老建筑已不存,从记录来看,天主教教堂朝向西北,占地面积200平方米,建筑面积100平方米,基本相当于一个三开间的民居,建筑以山墙面为主立面,垂直于村前道路。教堂层高明显高于周边的民居,正立面上有尖拱形门洞,其上有十字架。教堂内部以大跨度的尖拱券支撑起坡屋顶屋架,打通了相邻的两个开间,形成较大的宣道空间。(见图4-25)

图4-25　昔日的黄麻布天主教堂

(图片来源:吴纪瑞拍摄)

2）黄麻布村的古民居与村落景观格局

（1）村落景观与布局

黄麻布村的村落布局兼具广府与客家村落的特征。黄麻布老村原为俞姓广府村落，清初的禁海迁界使俞姓族人迁往别处，复界之后包括罗姓在内的多个客家宗族迁入此地，开始建村。罗姓宗族依据风水的考虑择址树山脚下、担水河前，逐渐发展壮大，其他宗族搬离黄麻布村。虽为客家村落，受到地理条件和早先遗留的广府村落建筑的影响，黄麻布村并不像传统的客家村落一样采用围屋或围村的形制，而是受到广府村落的影响形成既成围又成排的房屋布局。村子正中朝向西北有一围门，进深 5 米，面阔 3.4 米，东侧碉楼旁另有一座较小的围门，也可称为巷门，推测

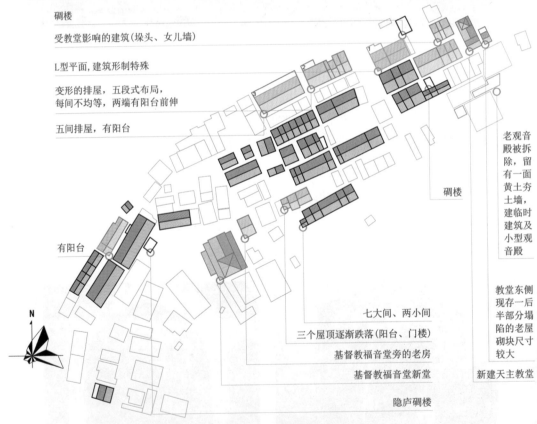

碉楼

受教堂影响的建筑(垛头、女儿墙)

L型平面，建筑形制特殊

变形的排屋，五段式布局，
每间不均等，两端有阳台前伸

五间排屋，有阳台

有阳台

老观音殿被拆除，留有一面黄土夯土墙，建临时建筑及小型观音殿

碉楼

教堂东侧现存一后半部分塌陷的老屋砌块尺寸较大

七大间、两小间

三个屋顶逐渐跌落(阳台、门楼)

基督教福音堂旁的老房

基督教福音堂新堂

新建天主教堂

隐庐碉楼

N

图 4-26 黄麻布村总平面图
（笔者自绘，底图摹绘自"天地图"官网）

＊教会建筑▦ 含有外来建筑元素的传统建筑▦ 未受影响的村落传统建筑▦

整个围村不止有这一处巷门,其他巷门可能均已被毁坏。围内民居有前后六排,左右三列,以七间为一排,布局形制相对于浪口客家村落更为规整些。每排民居中既有单开间的房屋,也有两开间或三开间房屋,进深平均为 9.7 米,开间 3.8 米,大部分为无天井的排屋或有天井的单进院落,极少数出现了两进的院落。村子在后来的发展中逐渐向两侧延伸,沿依山傍水的狭长地带,逐渐建成更多的房屋,围村无月池、禾坪,罗氏祠堂也已不存。除了基督教堂和天主教堂以外,在村子东北侧山坡上还有一座被称为将公庙的佛堂,后原址建筑损坏,新建一座小型观音殿。(见图 4-26)

(2)教会建筑的选址与周边环境

早期黄麻布村主要是围内三纵六横、网格规整的村落布局。罗氏宗族建围村是在迁界之后,从此时起至清末深圳地区天灾人祸不断,黄麻布村在这一时期不会有大的发展,因此可以推测基督新教教堂和天主教堂建立之时,黄麻布村很有可能依然维持着三纵六横的围村格局,围外并无房屋建设。从两座教堂的位置来看,它们都位于围村之外,基督教堂在围村西南侧,天主教堂在东北侧。基督新教教堂早于天主教堂十年建成,它选址在靠山面水的村子西南侧,树山脚下,现在新堂东北侧的老房(见图 4-27)应为老教堂的附属建筑。教堂前现存一条胡同,与围内第五排和第六排房屋之间的横巷相连通。这清晰地证明了基督教堂与围村有直接的交通联系。围村后半部分房屋原有的格局在历史发展过程中已发生很大的变化,巷门也已不存,但在这条路上老围村的边界位置可以看到一棵年代久远的村树(见图 4-28),在巴色差会教士疑似于 1926—1933 年之间拍摄的一幅照片中也出现了这棵古树。(见图 4-29)

图 4-27　黄麻布基督教新堂与旁边的老房

图 4-28　基督教堂前胡同里的古树

图 4-29　教士一家的照片

后期发展中基督教堂的西面与北面又建起了若干房屋,隐庐碉楼即建在正对教堂西侧,碉楼与房屋连同教堂围合起了一片空地。教堂位于村落最后一排最高的坡地上,从教堂可以俯瞰农田,在村前的道路上也能够看到教堂。

黄麻布村天主教堂建于村子的东北角,直接面临村前的道路,便捷易达。1913年之前拍摄的老照片当中能够反映出天主教堂前的一些景象(见图4-30),照片最右上侧有多个狭窄门洞的房屋、远处左侧的村树现址均能够找到,从位置来看右侧房屋旁远处的建筑很有可能就是当时的天主教堂。可见当时的天主教堂前有一片略有坡度的开敞空间,可俯瞰村路以及村前的担水河。紧邻天主教堂后面的山坡上有一座将公庙,庙已不存,但遗留下来一面山墙,为夯土筑成,可推知其建造年代应早于基督教堂和天主教堂,其旁边也新建了一座小型的观音庙。走访中有一位罗姓村民介绍,黄麻布村原来大多数村民信佛,后来洋教进入后很多村民转向信奉洋教,罗姓村民还介绍说,他小时即在老天主教堂中读书,当时黄麻布村儿童的教育主要由两座教堂承担。天主教堂直接选址在佛教宗庙之前是其他地区难以看到的场景,由此可见黄麻布村民对基督宗教的接受度极高。黄麻布村的独特之处在于佛教、天主教和基督教三种宗教的并立,使得村落的景观呈现出极为丰富的特征。

(3)受影响的民居

不同于浪口村,黄麻布村中受外来建筑元素影响的房屋分布呈现一定的集中性。这些建筑中有一小部分分布在老基督教堂的周围,而更多的是处在围村道路旁尤其是靠近天主教堂的第一排,这与围村紧凑的布局相关。在实地调研中发现,黄麻布村老围中主导的道路是纵向的,一般宽约1.8米,而横向的街道除第五排与第六排房屋之间宽

图4-30 黄麻布天主教堂附近的老照片

至2.3米外,其他都极为狭窄,有很多地方不足1米,围村紧凑的布局网格使得

围内的房屋无法随意进行改造，只有最前排的建筑有足够的空间。这也从侧面说明了老围含有外来建筑元素的房屋都是在原有基础上进行改造的，如围门左右两侧两排7间的房屋，都在建筑的正立面前方又附加了平屋顶的单层门楼，其上做阳台，围以栏杆，每户房屋的改造形制相同而式样参差不齐。这两排建筑以东，碉楼的西南侧，一座现状为L形的房屋改造的方式更为独特，这座建筑原为三开间，中间一间的墙体材料与两侧的明显不同，可见房屋并不是后期直接建成，而是经过改造的。建筑左右两间在后期改造中增加了平顶的廊屋，其上做成阳台，原有的开间墙面内退，形成二层约1.2米宽的走廊，现在建筑左侧一间前面的廊屋已不存，右侧一间还保存着完整的结构式样，其石质拱形纵向紧密排列的梁完全不同于传统建筑中硬山搁檩的木质承重结构形式。（见图4-31～图4-33）

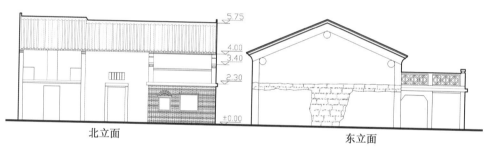

图4-31　黄麻布村某民居北立面与东立面
（笔者测绘）

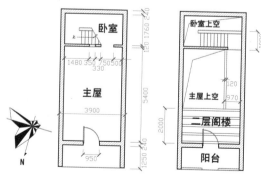

图4-32　黄麻布村某民居最东侧开间平面复原图
（左：一层平面，右：二层平面）
（笔者测绘）

图4-33　黄麻布村某座改造民宅的廊屋结构

图 4-34　篢竹角村某民居透视
(笔者自绘)

　　在与黄麻布村相近的篢竹角村里,也发现了一座形制特殊的单间两层建筑(见图4-34),它位于篢竹角村疑似老教堂的东南侧,房屋后半部分已经塌陷,但保留了完整的正立面和一侧山墙面,在这座建筑上能够看到多种多样的建构材料:建筑本体为夯土材料筑成,建筑前半部分附加的门房为石砌,阳台围栏和拱廊是由砖砌筑而成的,房屋背面应经过修缮,同时出现了夯土材料、黄泥砖材和红砖砌块,整座建筑外层加以白色石灰抹灰层。虽然这座建筑经过多次改造,但整个房屋的整体性很强,建筑本体和附加部分之间、材料与材料之间都形成很好的融合。从已倒塌的背面看屋内的空间布置,这座建筑的后半部分整体分为两层,楼梯设在檐下的拱廊处,这种双层空间的组织方式是外来的,与本地一般屋内做局部双层分隔的方式有本质的不同。

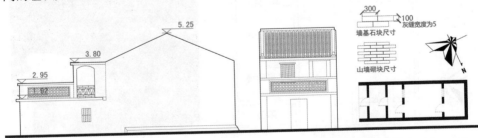

图 4-35　篢竹角村某民居北立面、东立面与平面
(笔者测绘)

4.2.4　水田老村天主教堂与村落景观

在龙华浪口至西乡黄麻布一线的传教据点村落中,水田村既是建村最晚的,也是传教活动开始时间最晚的。

1) 天主教堂

(1) 建筑的物质空间

水田老村天主教堂约建于 1930 年间,面阔 6.5 米,进深 17 米,分为前厅与后厅,前厅为现代新建,后厅内悬挂着耶稣画像。与一般民居平面的不同之处在于,这座建筑的主立面为中国传统建筑侧立面的山墙面,因此它的主入口朝向也与村落中的建筑布局入口朝向相平行。中世纪欧洲教堂典型的内部空间为指向圣坛的纵向的空间序列,且为中厅与侧厅相结合的巴西利卡大厅式,澳门早期的教堂多采用这样的空间形式,如圣保禄教堂与圣多明我教堂即是典型。但规模较小的教堂,内部空间多采用独立的中厅式,如圣老楞佐教堂、圣安东尼堂等。[2]从建造年代上来看,此时天主教在深圳地区的传播进入了地方教众自治

图 4-36　水田村天主堂正立面
(笔者拍摄)

的时期,水田村这座教堂的建立更有可能是由信徒自己筹资修建,而非受到香港天主教会的资助。建造者为本地工匠,没有外国人参与,因此建筑规模较小且形制简单,整个建筑都是采用了民居的形制,类似于一座四开间的民房。但教堂建筑纵向的空间序列特征被保存下来,从入口进入前厅、后厅,面对耶稣画像,整个空间流线保留了宗教建筑的仪式感。除空间流线以外,教堂平面上强调的另一个重点是柱

式,经济条件的限制使得教堂没有采用西式线脚装饰的柱式,但凸出于墙面的方柱对每一开间进行分隔的方式,不同于该地民居通过入口墙面的内退而对空间进行区分。

（2）建筑形式

与一般民居相比,教堂使用方式和内部空间形式的差异决定了建筑呈现出异于传统地方民居的立面特征,其装饰重点主要集中在主立面,即传统建筑所认为的山墙面上。水田村天主教堂于1999年在正面新建了一个前厅,将原来的建筑主立面完全遮挡住,但进入前厅内部依然能够看到经过改造的原始立面。立面形式十分简单,正立面（民居山墙面,已不存）中间为2.5米高的大门,石质门框,其上有条形的抹灰装饰线脚,大门两侧各有一个高2米的拱门,推测拱门应为后期改造时所修,原始立面上应为对称的两座拱形窗。

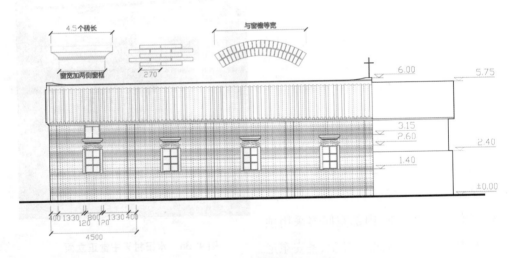

图 4-37　水田村老教堂南立面
(笔者测绘)

教堂的侧立面是以民居正立面为原型的,与村落中其他建筑的区别在于:首先,教堂的两个侧立面分别相当于民居的正立面与背立面,但这两个侧立面均不设门,且两者完全对称;其次,突出于墙体的方柱将立面等分为4个开间,与一般民居将主入口的开间墙面内退、形成凹凸区分的开间分隔不同;然后,立面上的开窗形式虽与民居没有区别,但在窗楣之上嵌入两层砖叠涩而成的拱形窗檐以及条形抹灰装饰线脚,窗檐未突出墙面(图 4-38)。

（3）建筑背后的建造理念

相对于基督新教的教堂而言,天主教堂的使用功能更加单一,也更加注重建筑空间的仪式感,因此以山墙面为主立面的特征和纵向的建筑空间形式被保存下来,形成与村落中民居不同的建筑模式。这座教堂的建造正值基督宗教在中国内地的衰落期,资金的匮乏和外来教会援助的缺失,使得村落中的信众和本地的工匠成为建筑形式的决策者。值得注意的是,同样建造于 20 世纪30 年代,面临同样的现实条件限制,三祝里的基督教福音堂同水田村天主教堂都是以传统民居为原型建造的,在三祝里福音堂上附加的宗教符号更多地体现在建筑装饰上,而水田村天主教堂所保留的宗教建筑的特征更注重与宗教文化相关的建筑空间之上。不只是这个时期建造的天主教堂和基督新教教堂,其实在整个近代历史时期中,天主教的教会建筑与基督新教的教会建筑在建造上都体现出这样不同的模式,本地工匠在建造教堂时也将这样的建造理念继承下来。

2）水田村古民居与村落景观格局

（1）村落景观与布局

水田老村始建于清末民初,是一个多姓杂居的广府村落。最初建村时的规模为前后九排,左右约十五列,坐西北而朝东南,由横巷与纵巷构成交通网格,房屋主要为三开间一进式,无天井,均为凹斗式门,个别建筑有前天井后正房的格局,有门罩。后来村落顺着山势向两侧延伸发展,道路以横巷为主,后建的房屋多为排屋(见图 4-39)。

整个村落依山势而建,与前面介绍的三祝里仅隔一条道路错落相对,一条河沿道路流过。老村前有村树与谷场,前排有两座祠堂,刘氏祠堂在第一排正中位置,为三间两廊两进式格局,面阔 9.6 米,进深 14.5 米,旁边较小的一座为林氏祠堂,一间两廊式,村落西北还有一座现代新建的邓氏祠堂。村中有两座碉楼,一座位于村子最后部山坡之上,是村子的最高处,建于 1932 年,4 层高约 12 米,平顶有女儿墙,立有角柱,碉楼连着一座三开间两进的民居;另一座位于村子的中部,也为 4 层(约 12 米)平顶带女儿墙的碉楼。(见图 4-40)

三开间广府式民居，侧面入口

碉楼（1932年）

林氏祠堂

刘氏祠堂（大）

村树

民国时期建筑
同形制建筑在
三祝里村出现

水田村天主教堂

刘氏祠堂（小）

谷场

图 4-38 水田村总平面图

（笔者自绘：底图摹绘自"天地图"官网）

＊教会建筑▨▨▨ 含有外来建筑元素的传统建筑▨▨▨ 未受影响的村落传统建筑▨▨▨
民国建筑□□ 老围范围⌐⌐⌐

图 4-39 水田老村的村落景观

（笔者拍摄）

（2）教会建筑的选址与周边环境

水田村天主教堂建造的时间较晚，根据原先已形成的村落布局网格，天主教堂与其他村落民居一样，其长边方向与横向道路方向一致。它位于村落西侧较前排的位置，远离村子祠堂、村树、广场所构成的中心空间。教堂主立面（山墙面）所对的横巷一直延伸到老村的谷场，村内居民易于到达。另外教堂西南紧邻农田与道路，对外交通便捷。

教堂西南侧有一座正立面有二层阳台的两开间房屋，为其附属建筑。教堂建造之初仅四间，正立面的一间前厅为现代加建，可见当时天主教堂正立面前及建筑东北侧都为空地。与基督新教教堂对外有明显展示意图的做法不同，这座天主教堂虽然位于村子的最前排，紧邻农田道路，交通畅达，但教堂本身与旁边的附属房屋和空地构成内向围合的空间形式。对外的侧立面并没有显著的教会建筑符号，建筑高度亦与民居无异，可见其本身在建造理念上并无对外展示的意向。

图4-40　水田老村民居外来建筑风格的主立面阳台与门屋

（3）受影响的民居

从村落整体来看,水田老村中受外来建筑影响的民居所占的比例略高于前面介绍的其他村落。可以看到,无论是在早期纵横巷布局的老村范围内,还是向两侧延伸发展的后建房屋中,具备发展空间的建筑很多都进行了改造,后建的建筑中也出现了很多新型的建筑式样。水田村中不仅出现了同其他村落一样在原有建

图4-41　水田老村民居山墙面开门窗的样例

筑前增加门房并在其上做阳台的做法,而且由于结构上的改良,使得阳台可以直接附加在民居的主立面上,如天主教堂西南侧的民居在正立面上使用了混凝土挑梁,阳台直接架在挑梁之上,形成第二层的走廊,这种阳台的构造做法在整个村落中广泛存在;还有一些建筑前出现了混凝土浇筑的门斗,其上做成平台,围以围栏,与建筑的第二层相通,门斗的进深尺寸有大有小,进深小的门斗可以直接加在横巷中的建筑正立面前,降低了改造对底层地面空间的占用,使得原有纵横街巷格局中的民居也能够在二层增加阳台。(见图4-41)

在天主教堂周围的建筑中,不止出现了一些山墙面上开设大尺寸采光窗的民居,甚至还出现了一座山墙面上开门的房屋,这在传统的地方民居中十分少见。中国传统建筑理念中认为山墙面开窗是破坏房屋风水的行为,因此山墙面一般不开设门窗,仅做小尺寸的通气孔。水田村中的这些房屋都处在村落边缘,均为后期建造的,可见在近代晚期,地方民众的封建思想逐渐开放,对外来建筑文化的接受程度越来越高。但值得注意的是,该建筑山墙上的门仅为偏门,内部的使用空间与其他建筑并无差异。

由上可知,建村于清末民国初的水田村,其民居形式并未过多地受到以纵向空间使用形式为特征的天主教堂的影响。在乌石岩龙华一线的村落中水田村的建村时间较晚,在其建村之前,基督宗教传教活动在这一线已经盛行,水田村的建筑形式既类似于早期龙华浪口、西乡黄麻布受教会建筑影响之下的村落民居,又在这基

础上结合近代晚期引入的外来建筑构造技术,形成更加灵活的建构形式。

4.3　中心村镇教会建筑实例分析

从深圳近代的村落体系来看,每一个区域中必定有一些村镇的地位十分显著,包含有政治中心、商业中心、文教中心、交通中心等,这些村镇通常拥有十分优越的区位条件和更加健全的公共设施,因而单纯从物质条件上来看,这些村镇具备更加优异的传教基础和教会建筑建造条件。但实际上,教会建筑伴随传教活动这一文化传播过程而发展,更加与地域的文化包容性、宗族社会体系、村落与民居的建造规制相关。从深圳近代的传教情况可以看出,这些中心村镇例如南头、西乡、福永、松岗、观澜、布吉、深圳墟、横岗、龙岗、坪山、葵涌等均有基督新教或天主教堂点,但除南头与葵涌外其他堂点规模和影响范围均无法同李朗、浪口、樟坑径等传教中心相提并论。

一方面,这些具有区位优势的中心村镇很多早在唐宋时期已经形成,随着移民潮而来的中原人将传统的中原文化带到岭南,与本地文化相互融合形成广府文化。相对于较晚迁入的客家族群来说,他们定居于条件更好的农垦地区,拥有更强的经济与文化优势,并继承了中原传统的风俗习惯,在接受外来宗教的影响过程中,其本身的宗族文化具备更高的文化势能,因而基督宗教在这些中心村镇产生的影响并不大。

另一方面,相比开展不同于本地人信仰的宣道活动,教会的社会公益和文教工作更能够引起这些中心村镇的当权者或是居民的兴趣,并且近代深圳地区教会建筑的建造资金有很大一部分来源于地方政府、民众和教友的资助,优异的政治经济条件使得这些地区有条件建造规模更大的教会学校、医院或育婴养老场所。因此,虽然这些中心村镇的教堂规模和教众人数均不突出,但教会文教、医疗、慈善事业很兴盛,例如福永的礼贤会圣经学校和南头的天主教育婴堂在当时的深圳甚至邻近的东莞、惠州地区均产生很大的影响,这些教会建筑的规模与建造质量也相应的较高一些。

这些中心村镇中很多教会建筑随着大规模的城市建设而消失或重建,保存完好的教会建筑遗迹很少。下面一部分内容中将介绍南头育婴堂以及布吉老墟福音堂两座保存较为完善的教会建筑,并对其建筑形制、建造背景,以及在经济、政治、文化等条件都较为优异的中心村镇中如何发展并产生怎样的影响进行深一步的探究。

4.3.1 南头天主教育婴堂

1)南头古城建筑与景观格局

南头自东晋开始至新中国成立初期一直作为深圳历代的郡治或县治所在地,是本地区最为重要的政治、经济和文化中心,它濒临南头海,与香港澳门隔海相望,是新安县的军事要塞,有优越的交通和地理条件。远离中心政权偏于东南沿海一隅的南头城并不像中原地区的政治中心那样,具有等级极其森严的封建社会管理机制,在民众的教化上反而比较开放,因此这一带的居民对外来宗教文化持有可接受的态度,这为南头古城的基督教传教活动以及教会建筑的建造创造了社会基础。

近代时期的南头古城主要保留的是明清时期的格局,城内由一条东西走向的横巷(县署前大街)与连接南城门的南北走向的纵巷(牌楼正街)构成了"丁"字形的主导街巷,另有显宁街、聚秀街、永盈街、和阳街、迎恩街、五通街等纵巷连通县署前大街,并有城墙内一圈环路共同形成"七纵一横一环路"的格局,是旧时乡民俗称南头古城的"九街"。城内主要的公共空间集中在"丁"字形街巷上,连接南门的牌楼正街成为主要的进城道路,旧时乡民入南门经牌楼正街到达东西向的县署前大街上。大街以北坐北面南的新安县衙历史上长期位置不变,其周围聚集了关帝庙、观音阁、康王庙等宗庙建筑,节孝祠、北帝庙、报德祠等祠庙建筑,以及富有仓、漕运仓、监谷仓、屯仓、常平仓等杂署,它们主要分布在南北向连通北门的永盈街上,形成了城北面的行政建制中心,而自南门至北门的这一整条南北向的轴线也成为了古城中极具封建社会礼仪性的道路。这样的建制也决定了除县署前大街外,这一整条南北向的礼仪性道路不能被其他横巷穿越,因此县署前大街也就成为了主导的道路,它连通了各条通向居民住宅的纵巷,因此服务于整个南头古城的商业性设施也都聚集到了县署前大街上。(见图 4-42)

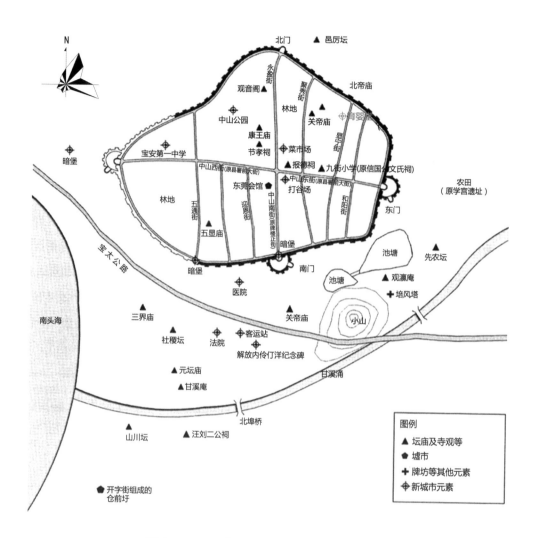

图 4-42 1841 年至建国前南头古城的景观格局
（图片来源：范志鹏《深圳市南头古城景观变迁研究》）

作为新安县的县治所在，南头古城是代表了封建礼制的统治中心，旧时正统的文教机构都聚集在此，其中担负科举选拔重任的学宫以及知县丁棠发创建的宝安书院位于东城门外，文岗学院位于五通街，凤岗学院位于南城门内和阳街，原海防厅旧址。这些建筑代表了中国封建传统教育在南头城中的分布与影响。

1841 年后,鸦片战争带来的近代化影响使得南头古城的传统格局也逐渐发生了改变,古城中出现了一些新式的景观元素,除了随传教活动而出现的教会建筑以及受教会建筑影响的民宅及商业建筑外,还出现了一些代表城市近代化和现代化历程的元素,如 1868 年(清同治七年)东莞商人在牌楼正街上修建的东莞会馆,原有的凤岗学院被改为新式学校。这一时期南头城内的县衙、宗庙等建制建筑逐步衰落,取代其成为古城主导景观元素的是逐步繁盛的圩市和新型的公共建筑。

在这一时期建成的天主教教会建筑群选址在南头古城的东北角,在北城墙与显宁街相交处。虽然位于古城的边缘但交通便利,一方面可由东城门进入,经城墙下的环路直接到达,有不与城内交通相交的独立的进出城路径;另一方面由显宁街连通古城的东西向主干道县署前大街,与古城的其他部分形成良好的沟通关系。教会建筑所在的场所处于以县衙为中心形成的行政、祭祀、庙宇和宗教活动为主的空间边缘,可见古城的当权者对于天主教的传教活动是持接纳态度的。

2) 南头天主教育婴堂的建造背景与建筑风格

南头天主教育婴堂位于南头古城的东北角,兴明北街 31 号,建筑主体保存完善,面貌基本上未发生改变。1984 年育婴堂被公布为市级文物保护单位,2003 年被公布为省级文物保护单位。自天主教众撤离后,育婴堂曾作为民国县政府、宝安县政府、九街小学等使用,1985 年归还天主教爱国会后至今仍作为深圳市南山区唯一的天主教堂,每日接纳信众加入弥撒。南头城最早的传教活动始于 1860 年,米兰外方传教会的教士来此传教,至 1868 年,传教会汀神父在此租铺创办一间教堂以及孤儿院,后来教堂和孤儿院在 1885 年中法战争中被关闭。1897 年米兰外方传教会嘉乐神父来南头传教,并在嘉诺撒女修会的帮助下创办了一间独立的孤儿院,即南头育婴堂的前身,后来孤儿院在第一次世界大战中被损坏,于 1913 年由香港教会出资进行重建,即现在的育婴堂。

(1) 建筑的物质空间

南头天主教育婴堂为坐北朝南的两层砖砌小楼,平面呈"凹"字形(见图 4-43)。不同于新安县大多传教村落据点中以民居为原型、将开间作为分隔单位的教

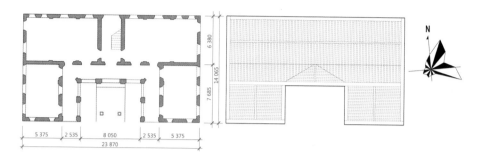

图 4-43　南头天主教育婴堂一层平面及屋顶平面
（笔者测绘）

会建筑平面形式,育婴堂的平面完全采用西式的布局形式,房间围绕"凹"字形内侧的一圈走廊进行布置。建筑呈严谨的中轴对称形制,大门通过走廊与主楼相连,皆以中轴线对称布置,主楼轴线上布置连接上下两层的楼梯间,其左右两侧各有两个房间。这种中轴对称的布局与中国古代传统建筑有异曲同工之处,但存在着明显的差异,在中国传统的建筑建构理念里,无论是官式建筑还是民居,中轴线代表着中央集权的"官本位"思想以及宗法礼制的统筹核心,这条轴线不仅具有空间上的意义,更重要的是礼制的象征,因此布置在这条中轴线上的空间都具有极为重要的地位。在传统的岭南广府和客家民居中,轴线的末端一般布置有正厅或祠堂。不只是中国传统建筑,在西方的教会建筑尤其是教堂中,中轴线的地位也非常重要,无论是拜占庭东正教的集中式教堂、中世纪天主教盛行时用的拉丁十字式巴西利卡还是哥特式教堂,中轴线都是强调的重点,轴线上高而长的中厅突出了内部空间向祭坛集中的方向性。而南头的天主教育婴堂既不同于中国传统建筑,也不同于西方的教堂,它更偏向于类似西欧中世纪的世俗建筑,强调简洁与实用,在中轴线末端上的楼梯是作为空间交通统筹的核心而不具备任何礼制或宗教的统治意义。

（2）建筑形式

天主教育婴堂建筑群由大门、主楼和连接于它们之间的走廊构成。育婴堂大门宽逾 4.4 米,进深 5.6 米,高约 6.5 米,由两侧柱式和中间的上下两部分构成。顶端嵌入雕饰与十字架并配合薄壁柱式做成断折式的山花,山花上有

"1913"的字样。薄壁柱式之下以单坡面遮盖山墙至檐口的位置,这种做法与本地广府民居门楼小坡屋面的做法有一定的形似。下半部分通过平拱形门洞进入一个进深约1米的入口空间,入口大门高2.6米,宽1.4米,连通门房(见图4-44)。

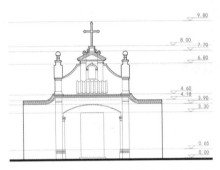

图4-44　南头天主教育婴堂大门立面
(摹绘)

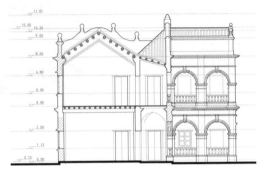

图4-45　南头天主教育婴堂主楼剖面
(摹绘)

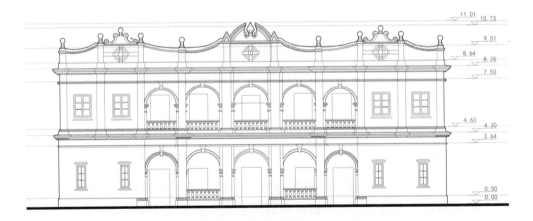

图4-46　南头天主教育婴堂主楼正立面
(笔者摹绘自《深圳市文物保护单位概览》)

连接大门与主楼之间的连廊是双坡屋顶的样式,由两侧各4颗360毫米×360毫米的方柱支撑,方柱有柱础。连廊屋顶使用西式三角桁架承重,每一组桁架都支托在两侧的方柱上,桁架上架梁,梁上架檩条。这种构造方式与中国古典园林中连廊常用的抬梁式结构不同,粗壮的柱式也带来与古典园林中连廊比例细长的立柱不同的视觉感受(见图4-47)。

图 4-47　连接大门与主楼之间的走廊

主楼立面横向与竖向均为三段式,"凹"字形内环为券柱式拱廊,券拱之间的墩子上装饰有壁柱,从柱础到檐口一一具备,券洞被套在柱式的开间里,券脚和券面都用柱式的线脚装饰,[19]每一券均围有绿色琉璃宝瓶栏杆。立面横向的三段都以柱式分为三开间,除拱廊外,墙体上均开长形窗。主楼立面的竖向上下亦分为三部分,为强调立面阴影、突出垂直划分,横向每一部分的基座、檐部,以及顶部的山花都做成折断的叠柱式。主楼顶部四面高高竖起的曲线式山花遮挡坡屋顶,强调了立面装饰风格的一致性。山花上有牛眼窗,顶端做火焰式的造型,柱式顶端有球形雕饰,这些基于椭圆形的波浪形、曲线形、S形线条,突破了古典建筑中规矩的方形、圆形构图,使整个建筑呈现出更加纤巧、平和、可亲近的感觉(见图 4-46)。

主楼为组合的坡屋顶,屋架采用的是中国传统建筑屋架与西洋双柱架桁架(Queen Post Truss)①的组合形式(见图 4-45)。屋架的荷载传递到墙体顶端的牛腿梁上,墙体厚度由上至下逐渐增加,最厚处达到 480 毫米。木质楼板的承重梁肋做的很密集,架在墙体或牛腿梁上形成坚固的楼盖构造。

(3)建筑背后的建造理念

育婴堂的建筑形式和构造方式在近代深圳地区的教会建筑中是极为少见的,这种由香港教会直接出资建造的教会建筑不同于新安县大部分民间主导

---

① 　Queen Post Truss 西洋双柱架桁架,是一种设计以形成更长跨度空间的受拉构件形式,通常桁架使用两个拉结杆件。

建造的教堂和学校,其较完整地保留了西方宗教建筑的特色,建筑装饰也更加繁复多样,但这样一座建筑也并非完全按照西式的建造规制建造,在其建筑空间、形式和构造上也能够看到中国本土建筑的影响痕迹。1913年建成的南头天主教育婴堂其建造时期正处在清政权颠覆、国民政府进驻南头的历史阶段,民国政府宣扬自由民主的思想,对外来宗教文化持接纳态度,在南头古城这个新安县长期以来的行政中心中出现一座极具西式风格的教会建筑与当时的历史大背景相吻合。

　　3)育婴堂对南头古城民居及景观的影响

　　南头古城内天主教教会建筑的建造对周边民居的建筑风格产生了影响,育婴堂周边很多民居上也出现了嵌入式的外来建筑元素,如围以绿色琉璃宝瓶栏杆的阳台、正立面上曲线形的山墙、拱形的窗套以及局部使用的西洋柱式等。并且随着墟市的发展,古城内出现了很多中西合璧样式的沿街商业建筑,在原有建筑性质的基础上层高变高,层数由一层变为两层,正立面上增加的门楼覆盖了原有建筑的立面,屋顶也被遮挡在高高升起的女儿墙之后,正立面上使用曲线形线脚进行修饰,这些商业建筑主要出现在县署前大街的南端,即后来的中山南街上。西洋建筑风格产生的影响主要集中在建筑的正立面上,建筑的建构方式仍保留传统的硬山搁檩式,建构材料亦没有大的变化。新中国成立之后特别是在"文革"期间,这些带有西洋装饰式样的民居和商业建筑多被拆毁,所剩无几,并且在后期的发展中,南头古城经历了大规模的改造,实际调研中发现古城内遗留的古代及近代建筑数量已很少(见图4-49)。

　　但调研中在古城中心偏东南的朝阳南街上发现了一座形制较为特殊的民宅(见图4-50)。从建筑外观来看,这是一座典型的三开间广府民居,西侧的一间已不存,民宅立面上没有任何外来建筑元素植入,但进入大门后能够看到建筑内部空间使用了大量的西洋建筑装饰元素。天井两侧通向厢房的墙上出现了拱形的门套,券脚处有爱奥尼式柱头装饰,拱形部分嵌有放射状线条分隔的玻璃窗,原有的木质门已损坏,墙上部有绿色琉璃宝瓶栏杆。正房有木质的镂空窗格装饰,整个建筑内部呈现出中西合璧的风格特点。由此可见,育婴堂对南头古城内民居的装饰风格产生了很大的影响。

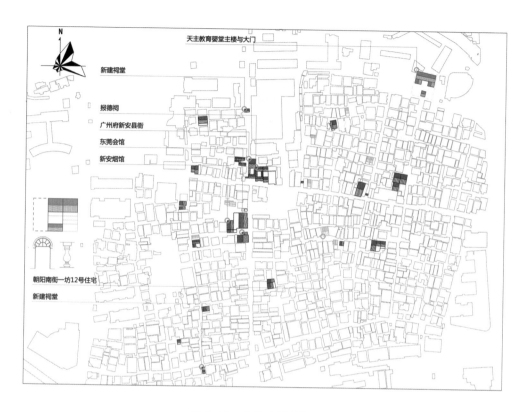

图 4-48 南头古城总平面图
（笔者自绘，底图摹绘自"天地图"官网）

＊教会建筑▦▦▦ 含有外来建筑元素的传统建筑▦▦▦ 未受影响的村落传统建筑▦▦▦ 民国建筑▢

图 4-49 南头古城朝阳南街一坊 12 号
民宅外观

图 4-50 南头古城朝阳南街一坊 12 号民
宅内部雕花木栅装饰

图 4-51　南头古城朝阳南街
　　　　一坊 12 号民宅内部
　　　　西式圆拱门

图 4-52　南头古城朝阳南街一坊 12 号民宅内部
　　　　宝瓶围栏装饰

4.3.2　布吉老墟基督教堂

1）布吉老墟建筑与景观格局

现今归属于龙岗区管辖的布吉老墟村始建于清末,在嘉庆《新安县志》中记载有归属于官富司管辖的客籍村庄"莆隔村","莆"与"布"读音相近,因此又称"布隔村",至 1911 年广九铁路建成通车后,因在此处设有"布吉站",故"布吉"的名字开始广为人知,原先的"莆隔村"也就成为了"布吉村"。现在的布吉老墟起初名为"丰和墟",建于 1852 年(清咸丰二年),位于莆隔村以南,后因布吉站的出现而演变为"布吉墟"。布吉老墟的规模大约有 0.36 平方千米,南北约有 10 排房屋,最初的居民为凌、叶两大姓氏,都是从北边的布吉村迁来,因布吉墟为墟市,故规模小且居民人数少,墟中无祠堂宗庙。不同于布吉村,布吉老墟中的民居以广府式为主,房屋面朝南偏西 25 度,大多为两层三开间无天井式。墟中有 3座碉楼,现余 2 座,位于老墟东面,基督教堂位于老墟西北侧,前有同样为中西合璧式风格的凌氏老屋,两个建筑外围有围墙与墟内其他建筑分隔开,形成独立的领域,教堂后有荔枝林,前有水塘,水塘前为禾坪,后因禾坪北部建房屋而面积缩小。现存于美国南加州大学,由外国传教士拍摄的照片中清晰地反映了1937年前布吉老墟的景象(见图4-51)。

图4-53　来自美国南加州大学的布吉老墟照片①
(拍摄于1901至1937年间)

2)布吉老墟基督教福音堂

布吉最早的传教活动始于1847年,巴色会传教士韩山文、黎力基来此传道,1852年布吉村凌氏振高公与其子凌启莲接受韩山文教士的洗礼而成为基督教徒,是深圳地区较早受洗的本地人。后来韩山文、黎力基二位教士受乡民驱赶至布吉李朗建教堂,并设神学院,为中国内地第一座教会学校——乐育神学院(见图4-53)。教会学校规模不断扩大,后启莲公及其五子均入神学院学习,凌启莲即为布吉老墟教堂的创始人。在其长子凌善元于1935年撰写的《凌公启莲家谱并莺迁龙村略史》中记载:"屈计莲公献身教会,历三十有六年,抚育子女,服务劳教会,可谓含辛茹苦,鞠躬尽瘁矣! 直至五十有七岁,始解职回家。惟其与人为善之情,无时或释,故于一九〇二年,募捐巨款,特在本村建筑教堂学校,无非为培养信士,教育青年计。奈乡人鄙视基督教,绝少皈依,可概孰其。"在教堂未建成之时,启莲公已将自家房屋(教堂前的两层小楼)借予外籍教士作为宣道场所,老照片中显示了凌氏家宅与老墟教堂风格。除布吉老墟教堂外,凌启莲在岭南的客家传教区筹建了数座教堂,包括有1879年建成的虎头山教堂、1883年建成的紫金古竹教堂(见图

---

① 照片左上角的"Pukit Town"是类似于客家话发音的"布吉"镇。

4-53)和 1910 年在香港新界粉岭建成的崇谦堂。

图 4-54　1920 年前的布吉李朗教会　　　　图 4-55　紫金古竹教堂早期影像
　　　　　　建筑群　　　　　　　　　　　　　　　　（绘于 1888 年）

（1）建筑的物质空间

布吉老墟基督教福音堂为一座五开间、两层的小楼,正面朝南偏西 25 度,长约 19.4 米,宽约 10.8 米,占地逾 200 平方米。平面基本为对称布局,分前后两部分,后半部分是两层的坡屋顶房屋,前半部分增加罩房。中间的三开间前半部分为拱廊,东西两侧各一间配房,西侧配房有对外的出入口,向内一间是连通第二层的楼梯间。主要的宣道活动场所集中在正中的厅里,中厅东侧有供信徒休息使用的配间,中厅正对大门的北墙前布置半圆形讲坛,牧师的讲台位于讲坛之右,面南向。第二层格局与第一层相似,经由西侧中间一间的楼梯到达第二层的拱廊,由拱廊串联旁边房间。教堂现代经过改建,前面的拱廊被封起来作为房间使用,原有的拱券中加砌墙体、中间留窗,仅剩第一层正中的一间作为建筑的主入口,第二层在原有拱廊的内侧又以三合板隔出一条走廊。（见图 4-54）

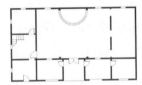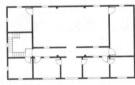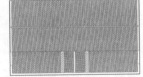

图 4-56　布吉老墟基督教堂改造后的平面
（笔者测绘）

教堂整个平面的流线简洁,一方面后半部分保留了传统民居的开间模数,另一方面又在前侧增加罩房,做成拱廊,以组织整个建筑的交通流线,建筑平面布局呈现出中西方建筑规制共同影响的结果。

（2）建筑形式

现今的老墟教堂立面和内部都经过了部分改造,但原有的建筑结构和形制仍能够体现出来(见图4-55)。原有二层坡屋顶建筑自檐口处向前增加了进深约3.1米的罩房,形成新的建筑立面。正立面由上到下分为三部分,罩房顶部有女儿墙高高升起,其高度刚好略高于坡屋顶的正脊位置,从建筑的正立面上来看原有的坡屋顶完全被遮挡。山花的中间位置呈向上的三角形,体现了基督教会建筑集中向上的导向性。立面正中三间由多立克柱式结合平拱券形成券柱式的拱廊,立柱截面为方形,柱与柱之间做绿色琉璃宝瓶式围栏,后改为砖砌菱形镂空围栏,二层中间的拱券为三叶拱,其上配合三角形山花亦做成同样角度拱起的山墙。两侧开间墙体上二层设有拱形小窗,西侧一间首层有入口,东侧一间开1.5米宽的方窗,两间中心线对应的女儿墙上用浮雕的方式做出三角形的尖山,中有牛眼窗。侧立面能够清晰地看到坡顶建筑本体与前面罩房及女儿墙的关系,女儿墙顶部做成阶梯式,是本地区广府民居中侧立面常见的女儿墙形式。建筑侧立面上下两层均开长方形小窗,做浮雕窗框,墙上博风位置有圆形窗洞结合常见的浮雕灰塑作装饰。

图 4-57　布吉老墟基督教堂(经改造后的)南立面与西立面
(笔者测绘)

进入教堂的第二层,仍能够看到突出于墙体的内部屋架构造(见图4-56),和浪口堂一样,老墟教堂也采用了木构西洋双柱架桁架承担屋顶重量,桁架两端架在

图4-58 布吉老墟基督教堂现状照片

尺寸为300毫米×300毫米的立柱上,中柱一直延伸到首层,柱的尺寸较细小,配合两侧墙体上的立柱共同承担荷载。后半部分坡顶房屋墙体为砖砌构造,前半部分立面是砖砌加三合土夯筑的混合构造,以做出大跨度的拱券和高高升起的山墙。

图4-59 布吉老墟教堂保留的内部结构
(笔者拍摄)

(3) 建筑背后的建造理念

布吉老墟基督教堂是基于传统地方民居形制进行改造而形成的中西合璧风格。建筑较传统民居层高更高,且通过先进的外来结构技术将相邻的开间打通,获得更大的使用空间,以满足传教活动对空间的要求。建筑利用民居常见的前罩房形制附加拱廊、围栏、三角形山墙等外来建筑元素,使建筑获得不同于传统建筑的外观风格,但又不脱离传统地方民居的建造规制。其立面与平面是相对应的,这一点不同于早期的浪口教堂。为配合建筑的开间宽度,正立面上的拱廊做成跨度较大的平拱形,柱式的尺度因而显得细小,这些变化的比例尺度脱离了西方古典建筑的模数,体现了教会建筑针对本地建筑形制作出的适应性调整(见图4-57)。

布吉老墟教堂的建造形制和尺寸的适应性调整体现了本地工匠不再仅仅是将外来的建筑装饰元素简单附加到传统

图4-60　老墟福音堂原始立面照片

地方民居上,而是有了将外来建筑元素纳入传统民居建筑系统所做的思考。相比于其他较为贫困的客籍村落,布吉老墟的兴盛也为外来结构技术的实现提供了物质基础。

3)受影响的民居

据居住于教堂前的凌氏家宅旁的一位凌姓老人介绍,这座老宅的建造时间早于基督教堂,是凌氏启莲公的家宅,最早借予外国传教士作为宣道场所,房屋后来进行了改造,前面也增加了罩房,做成拱券,风格与教堂极为相似,但现在的建筑立面上仅残留了罩房顶部的绿琉璃宝瓶围栏,拱券、柱式皆已不存。建筑侧立面保存比较完整,博风下有牛眼窗,长方形窗洞周边有灰塑的拱形装饰。

教堂东侧的房屋旁有一座小型炮楼与老墟内的其他几座炮楼有不同的立面形式,炮楼正面一个拱形券横跨整个面宽,尾部以涡卷造型做装饰,架在两侧的砖砌立柱之上。这样大跨度的拱券较少出现在民居上,且构造难度比较大,由此能够显示出当时该地建筑技术的领先性。

因老墟房屋布局较为紧凑,没有出现太多同其他村落那样在民居前附加阳台的建筑式样,只在最南一排的房屋中出现了一座向前伸出阳台、其下做成拱廊的民居。大部分民居受影响的方式主要体现在山墙面开窗及立面局部装饰上(见图4-59)。

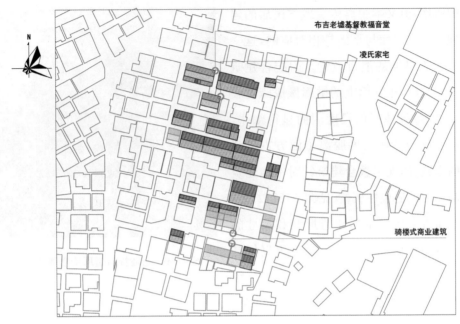

图 4-61　布吉老墟总平面图
(笔者自绘)

* 教会建筑▨▨▨▨　含有外来建筑元素的传统建筑▨▨▨
未受影响的村落传统建筑▨▨▨

图 4-62　布吉老墟中受外来建筑元素影响的民居
(笔者拍摄)

4.4　处于交通要道的村落中教会建筑实例分析

　　在传教据点的选择中交通条件是一个需要重点考虑的要素,良好的交通区位能够使据点与香港教区本部、深圳地区的中心村镇以及据点和据点之间形成便捷的沟通。1905 年,香港教区米兰外方传教会的教士在葵涌镇土洋村建立了传教据点,1931 年,土洋天主教堂成为深圳东部地区的中心堂点。相比于同样作为中心传教据点的龙华浪口村,土洋村存在很大的不同:首先,在土洋村所辖的天主教堂区范围内有很多据点建立更早,例如 1868 年就开始有传教活动的塘坑村、1860 年后即有宣道所的葵涌老墟,以及 1905 年开始兴建教会学校的坪地四方埔等。其他堂点也基本和土洋村在同一时间建立,可见天主教土洋堂区并不像基督教浪口堂区那样,先有浪口传教点再逐步向外扩散传教,形成一个传教区,而是各传道据点接近同步发展;其次,土洋村所在的位置是深圳东南部的山区地带,其与辖区内其他堂点的联系不像平原地带的浪口堂区内那样频繁。传教士之所以确定土洋村作为深圳东部地区的中心据点与其交通条件有直接的关系(见图 4-60)。

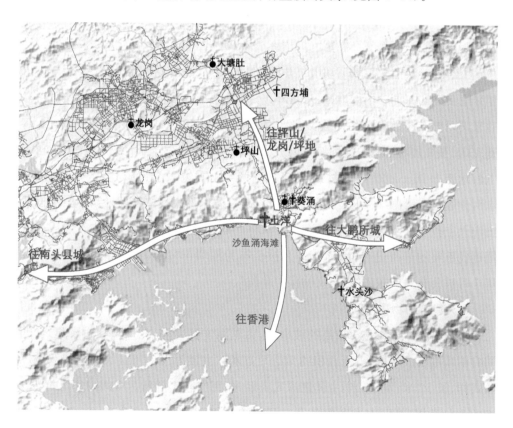

图 4-63　葵涌土洋村所在的交通区位
(笔者自绘,底图摹绘自"天地图"官网)

土洋村所在的地理位置处在几条重要道路的交叉点上,一条是东西向连接军事守御重地大鹏所城与县治南头城的官道,另一条是向北穿越葵涌山与笔架山系连通坪山、龙岗和坪地的道路。另外,土洋村前的沙鱼涌是近代华南地区重要的交通口岸和物资集散地,很多外国商船在此停靠,民国初年沙鱼涌海岸归土洋村所有。清末民国初至20世纪30年代是沙鱼涌海滩最为繁盛的时期,成为当时宝安、东莞及惠州最大的口岸。占据海路和陆路的优势,土洋村成为外国传教士往来于香港和深圳东部并联系其他传教据点的的重要基地,其教会建筑风格和建造规制也较深圳地区其他大部分堂点更突出。

4.4.1　土洋天主教堂建筑群

1) 葵涌土洋村天主教堂

土洋村的天主教传教活动最早开始于1905—1906年(清光绪三十一至三十二年),晚于近代深圳中西部地区,米兰外方传教会赖神父负责这一地区的传教工作,后来又以土洋村为中心发展了沙鱼涌、水头沙、平山镇(今坪山)等多个传教据点,到1931年2月,同南头、深圳墟共同成为当时新安县的3个传教中心。土洋村天主教堂于1926—1927年(民国十六至十七年)由香港教会出资建造,堂号“玫瑰堂”,旁边建有崇德学校及一处教士居所。第二次世界大战爆发后外籍传教士撤离土洋天主教堂,广东抗日游击队东江纵队将此处作为指挥部,土洋天主教堂成为深圳近代重要的革命史迹,1984年9月被公布为深圳市“市级文物保护单位”,2002年7月被公布为广东省“省级文物保护单位”。

(1) 建筑的物质空间

土洋村天主教堂位于较高的坡地上,由走廊连接主楼、礼拜堂和附属建筑,四周有围墙围合成院落,占地面积约400平方米。主楼为局部三层的三开间双坡屋顶式样,长12米,宽11米,主体进深6.8米,被用作教士居所。中间一间为宽约2米的入口及楼梯间,左右两侧各有一开间约4.5米、进深约6.8米、对称的房间。正立面前首层有宽约1.6米的外廊,其前部正中有6层石质踏步台阶;第二层做成露天阳台,正中有小门连通室内外;楼梯间顶部高出屋顶做成一个狭长的阁楼,其上做露台,有瞭望作用。整个建筑平面简洁,以垂直空间连通各层,交通空间与使用空间分区明确(见图4-61)。

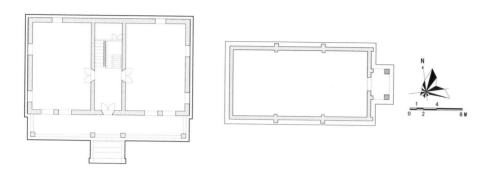

图4-64 土洋天主教堂(现东江纵队司令部旧址)主楼与礼拜堂平面
(笔者测绘)

主楼东侧的礼拜堂为一个长约12米、宽约6米的通开间单层双坡顶房屋,建筑纵向以两颗立柱划分为三开间,立柱突出墙体,形成明确的空间划分。建筑的主入口位于中国传统建筑意义的山墙面上,入口前有小的门廊,建筑建在20毫米台基之上。主楼西侧有一体量较小的马厩,由一宽一窄两间构成。

(2)建筑形式

教堂主楼立面为中西合璧风格,建筑主体高10.25米,局部三层最高处达10.85米。建筑正立面上下分为三段,首层外廊入口处有砖拱门洞,拱券之上用浮雕线脚装饰,柱式被简化,与拱券形成一体,外廊上四颗方形立柱下均有形式简洁的柱础。入口大门原状为拱形石质门框,有曲线形线脚装饰。主楼第二层正立面上做阳台,栏板高约650毫米,为现浇方形线条式样,正中有匾额。第三层楼顶面高度基本与建筑主体的正脊齐平,墙体上有颇具中国古典特色的寿桃式样灰塑浮雕,楼顶面做成露台,围以绿色琉璃宝瓶栏杆。正立面每一层左右两侧均对称开设两个并排的方形窗,窗上有矩形窗檐。现在的建筑正立面已被改造。

主楼的侧立面能够清晰地看到坡屋顶与三层阁楼的叠合关系,阁楼跨越整个楼体的进深长度,墙体与一、二层对齐,顶部突出墙体的檐口与坡屋顶的檐下叠涩宽度相同,以取得细节的一致性。侧立面上每层亦开长方形窗,层与层之间、楼体与台基之间均有明显的线条划分。(见图4-62)

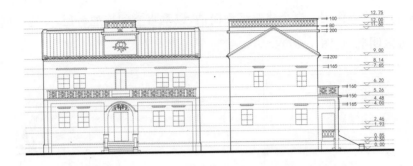

图 4-65 土洋天主教堂(现东江纵队司令部旧址)主楼立面
(笔者测绘)

建筑主体为砖木结构,其中有中西式混合使用的结构形式。坡屋顶部分为本地常见的硬山搁檩式,由墙承檩,檩上铺椽、瓦,向外挑出的檐口采用墙垛承檩。建筑砖砌墙体厚约360毫米,较一般的地方民居墙体略厚,以承担各层楼板及木构屋架的荷载。建筑内部出现了多种楼板承重方式,首层入口处由木梁承担二层楼板重量,楼梯处及三层阁楼地板则是架在密集的梁檩上,最顶部的三层楼盖下则出现了工字形的承重梁,各层楼板的厚度略有差异(见图 4-63)。二层向外挑出的混凝土阳台,由外廊上的立柱和梁承重。

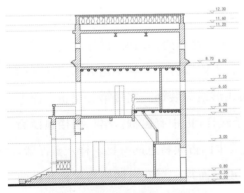

图 4-66 土洋天主教堂主楼剖面
(笔者测绘)

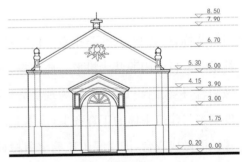

图 4-67 土洋天主教堂礼拜堂正立面
(笔者测绘)

主楼东侧的礼拜堂坐北朝南,硬山坡屋顶样式,以山墙面为主立面。主立面入口处有宽约 2.5 米、高约 3.7 米、进深约 1.4 米的尖山式砖拱门廊,两颗 400 毫米×400 毫米的粗壮立柱支撑拱券和坡顶,门廊上三面均有浮雕线条装饰。主立面两侧有下粗上细的立柱,顶端有球形雕饰,屋顶下缘做线条简洁的叠涩檐口,山花上雕刻有同主楼三层阁楼正面同样图案的雕饰,屋脊顶端有微型钟楼式样的雕塑(见图 4-64)。礼拜堂侧立面通过立柱突出开间划分,每个开间中心线上开一个长方形窗,窗外缘有拱形窗框。礼拜堂为砖木结构,屋顶为木构屋架,其上覆辘筒灰瓦,屋架架在砖砌的外墙上。

(3) 建筑背后的建造理念

土洋天主教堂建造于 1926—1927 年,此时已进入教会建筑发展的衰落阶段。在此之前广东省政局动荡,为声援上海"五卅惨案",1925 年 6 月广东及香港的工人举行省港大罢工,随后英法军队在广州制造"沙基惨案",致使本地民众的反帝国主义的情绪空前高涨,传教活动亦遭到抵制。在深圳地区,以德、美等国教会为主的基督新教在 1925 年后鲜有建造活动,而归属于香港教会管辖的天主教堂点在 1927—1932 年间又陆续建造了 6 座教堂。东部地区葵涌土洋、葵涌上洞、坪山塘坑、南澳水头沙的天主教堂均在这一时期建成。在整个土洋天主教堂的建筑群里,作为宣道场所的礼拜堂体量显得比较小,建筑形式、内部空间也很简单,反而西侧作为教士居所的主楼在建筑群中占据了主导地位,同样的布局形式也出现在晚于土洋天主教堂建造的龙华白石龙天主教堂(1931 年)中,其教士居所也是两层的小楼,礼拜堂单独布置在体量较小的单层房屋中。这种布局形式的出现似乎显示出了教堂地位的退化,外籍传教士在动荡的时局中宣道工作举步维艰,教众人数逐渐减少,并将此变化反映在了建筑的表达上。

(4) 教堂西南侧的中西合璧式教士居所

在教堂建筑群的西南侧、向下一层的坡地上有一座中西合璧式的教士居所,房屋曾遭火灾已经破败,原本为三开间的建筑,现东侧一间已被拆除并新建了房屋。建筑有两层,中间一间略高出左右两间,其前增加了一个平屋顶石质罩房,遮挡住原有的建筑立面。罩房一层为拱廊,正立面为中间宽两边窄的三个拱券开间,四角为 490 毫米×490 毫米比例粗壮的方柱,中间为两根直径 270 毫米的圆柱,立柱均无柱础,柱头用简单的一圈线条做装饰。罩房二层立柱全为直径 270 毫米的圆柱,围以绿琉璃宝瓶栏杆,顶部有坡度较平缓的三角形山花。除罩房以外,建筑其他外立面形制基本与村内一般民居无异。(见图 4-65)

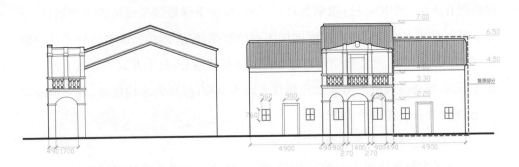

图 4-68　土洋天主堂西南侧的传教士居所东立面与南立面

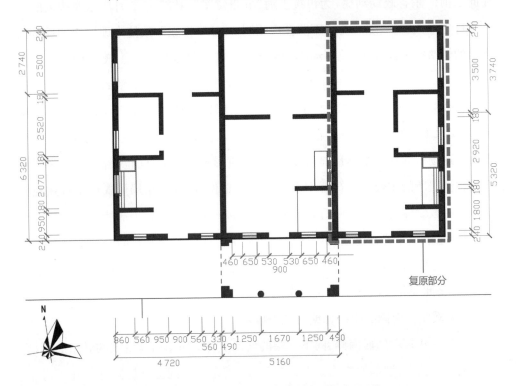

图 4-69　土洋天主堂西南侧的传教士居所平面

建筑内部采用本地民居常见的布局形式,中间靠后的位置有隔断,将室内空间分为前后两室,后室之上做二层,入口处一侧用隔墙围出厕所。与民居不同的是,每间房屋的前室均出现了西式壁炉,有烟囱向上直通屋顶,建筑内部窗户上也增加了拱形装饰。

这座教士居所同很多民众自发改造的房屋一样,是在传统民居形制的基础上附加了西洋式的立面装饰,但其装饰要素保留了更完整的外来建筑特色,建造难度也更高,内部空间也在本地传统形制中附加了西方人的生活元素。

2)土洋村古民居与村落景观格局

(1)村落景观与布局

土洋村背山面海,位于深圳东部大鹏半岛的中段,沿海的道路在村子的南侧,是土洋村与外界交流的唯一通道,沿这条道路向东可到达葵涌镇和沙鱼涌,向西可至通往县城的官路上。距离土洋村一华里的沙鱼涌海滩自明朝开始就是华南沿海的海路交通要道之一,至20世纪初发展成为繁华的口岸,很多香港和外国的商船停靠在此,便利的海上交通条件为土洋村的贸易和传教活动的发展奠定了基础。土洋村为李氏和利氏两大姓聚居的客籍村落,大约建于清康熙年间,村中现有一座老围屋,围屋前排有李、利两家的祠堂并置,两座祠堂间有牌楼石拱门,上书"通围吉庆",祠堂前有禾坪。经村树与祠堂位置推测,土洋村原本的村口位于西侧,老围以东的依山势而建,坐东北而朝西南,整个村落占地面积约1200平方米,前后约8排,左右约8列,大多数民居为三开间无天井式,以横向交通为主,沿山体延伸,街巷分明。(见图4-66)

(2)教会建筑的选址与周边环境

后期村落沿山体向东北发展,天主教堂建筑群即选址在村落东北侧的坡地上,处于村落的边缘。教堂依山而建,位于村落的制高点,背后是一片小的山顶,从教堂主楼可以俯瞰到远处的沙鱼涌海滩。教堂及下面的教士居所均建有围墙,并利用地势和山体植被形成一个半包围的、独立的空间领域,与村落中的民居分隔开,一条下山的道路连接村落最边缘的街巷,并可直接与外界连通。教堂的山下有一座三开间无天井的民宅,西侧一间屋顶已改建为露台。据村民介绍,最早于1868年来此宣道的天主教意大利籍神父就是以这座老房作为传教场所的,之后来此的神父选址在后面的山坡上建造教堂,据说这位神父十分精通风水玄学,建成的教堂坐南朝北,冬暖夏凉,并有很好的景观视野。

(3)受影响的民居

实际调研中发现,除土洋老围中的建筑基本保持传统风格不变以外,土洋村中现状保留的其他民居或多或少都有受外来建筑元素影响的痕迹,表现为阳台或外廊

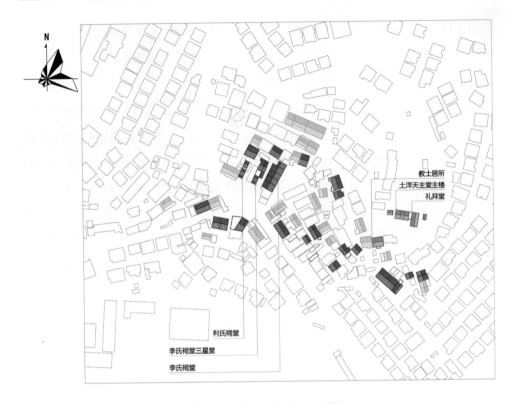

图 4-70 葵涌土洋村总平面图
（笔者自绘，底图摹绘自"天地图"官网）

* 教会建筑▨▨▨ 含有外来建筑元素的传统建筑▨▨▨ 未受影响的村落传统建筑▨▨▨
民国建筑☐ 老围范围┈┈

的嵌入、立面的西式风格装饰、山墙面开门窗、立面门窗尺寸变大等特征。此外，村中民居自发进行加建或改建，改造不遵循统一的规制，一座建筑中往往被嵌入多种外来建筑元素，从而出现了多样而无序的建筑平面和立面形式。另外，村中民居的改造大部分都运用了近代由西方引进的钢筋混凝土构造，如钢筋混凝土挑梁、斜撑、支柱、檐檩、门窗框及阳台等（见图4-67），可见这些民居的改造年代较晚，推

图 4-71 土洋村受外来建筑元素影响的民居
（笔者拍摄）

测应出现于天主教堂建成之后。土洋村偏远的地理位置使其民居在近代早期未受到外来建筑文化的影响,而天主教堂的建成带来了民居形式和村落景观的显著变化。

4.5　本章小结

本章结合田野实地调查,对近代深圳地区部分传教中心、重要村镇和偏远乡村中的教会建筑及所在村落进行了实例分析,通过对教会建筑本体(建筑的物质空间、建筑形式、建筑背后的建造理念)和所在村落景观及建筑(村落布局与景观、教会建筑选址与周边环境、受影响的民居)的客观描述,探究近代深圳不同类型传教据点中教会建筑发展与影响的情况。

深圳中西部平原地区近代有一些建立时间早且影响范围大的传教中心,其中以浪口所在的龙华最为突出。诸如龙华、李朗、葵涌、樟坑径这样同一教会体系下的传教中心,其教会建筑的兴建活动都开始于19世纪中后期,且在发展的过程中建筑历经多次改造,基本形成了比较稳定的建筑形制,在传教中心周围的堂点中也多以此形制为母本建造各自的教堂。传教据点所在村落中的民居自近代早期开始受教会建筑的影响而产生了变化,教会建筑的部分空间形式、构造或装饰片段被民居所汲取,并内化到自身的体系当中。各传教据点之间便利的交通条件也为民居营建形式的沟通提供了条件,因此在传教中心所在的一定地理区域内形成风格近似的村落景观。但由于这些据点大部分为远离政治、经济中心的客籍村落,因此建筑多朴素实用,没有太多华丽繁复的装饰元素。

近代有一些重要村镇例如南头城、深圳墟、福永、布吉老墟等借由政治、经济、交通条件的优势也发展成了规模较大的传教据点,这些地方的教会建筑一般由香港教会或本地皈依基督宗教的大的宗族出资建造,建筑规模及建造质量都比较突出,形制上也较为完整地保留西洋式的风格。这些村镇中的居民物质条件比较优越也使得他们在运用外来建筑元素上更为开放,对教会建筑装饰风格的模仿水平也更高。

由于经济条件限制和教会关注度较低,深圳东部地理位置偏远、交通不便的传教村落在 20 世纪以前基本上没有教会建筑的建造活动,外籍教士大多在这些村中租赁房屋宣道。随着帝国主义侵华战争的加剧基督新教受时局影响较少有营建活动,且建造的教会建筑规模小,而天主教在香港教会的资助下兴建了一批教会建筑,但在这些教会建筑中作为宣道场所的礼拜堂独立设置在体量较小的单层房屋中,教堂地位逐渐退化。受教会建筑影响的村落民居,其形制上呈现出多样和无序性,因建造年代较晚,民居中出现了钢筋混凝土构造的片段。

不同类型的传教据点其教会建筑的发展与影响既存在不同之处也共有一些相似的特点,其传播和影响的范式将在下一章中作进一步地总结和探讨。

第五章

教会建筑的传播与影响范式研究

范式从本质上而言是一种理论体系,它指的是一个共同体成员所共享的信仰、价值、技术等的集合[2]。在对教会建筑传入深圳地区的背景条件、传播与发展的历史进程和实例进行分析后,笔者试图以跨文化传播的视野探讨深圳近代教会建筑在传统村落体系中传播和影响的内在规律,总结教会建筑跨文化传播的基本范式。

5.1 跨文化传播理论与外来建筑文化传播研究

教会建筑的研究在某种程度上需要立足于对文化传播与交流的研究。近现代引入中国的西方建筑形式多被国人接受并发展下来,而与教会相关的建筑类型却鲜有传承,其他的建筑形式更多的是显示西方工业文明的技术成果的输入,而教会建筑则代表着西方的宗教文化观念对中国传统文化的侵蚀。文化传播不同于技术传播,文化之间的碰撞与交流揭示的是人类自身发展的一种本质性问题。

5.1.1 文化与传播

"文化"之于中西方的含义,均有以"文"所指之"自然""人伦"或"理智"教化人之意。2001 年发表的《世界文化多样性宣言》(*Universal Declaration on Cultural Diversity*)中对文化的定义是较全面的:"文化是某个社会或社会群体特有的精神、物质、智力与情感等方面一系列特质之总和;除了艺术和文学之外,还包括生活方式、共同生活准则、价值观体系、传统和信仰。"[20]

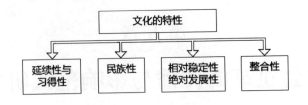

图5-1 文化的基本特性
(笔者自绘)

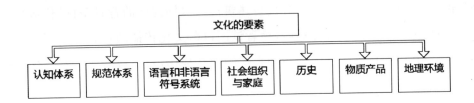

图5-2 文化的要素
(笔者自绘)

"传播"在英文中使用的是"Communication"(交流)而非我们通常理解的"Transmission"(传递),因此它并非单向的传授,而更加强调传播者与受传者之间的交流。其存在于人类生活的方方面面,在我们的日常生活中我们始终在持续不断地接受其他形形色色的人传递的信号并予以反馈,同时也向其他人传递信号。传播的实质就是通过符号和媒介交流信息的一种社会互动过程(图5-3)。在这个过程中,人们使用大量的符号交换信息,不断产生着共享意义,同时运用意义来阐释世界和周围的事物。[22]

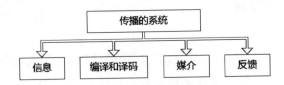

图5-3 传播的系统
(笔者自绘)

118

文化与传播是不可分离的。首先,传播的过程保证了文化的延续性,文化也是在这一过程中生成与发展的,不同的文化在传播过程中相互补充与修正并产生新的创造;其次,文化不仅传播内容也决定着传播的形式,人处在不同的文化环境中也影响他采用不同的传播行为与外界进行交流;并且,传播的行为会激发文化产生变迁,当文化受到传播所带来的外界刺激时会发生抵触、兼容或重组现象,其结果都会导致原有文化发生变化。

5.1.2 文化传播的多种模式与驱动机制

美国文化人类学家 C·恩伯在其《文化的变异——现代文化人类学通论》一书中将文化的传播模式分为三种:

第一种,直接传播。文化由源地接着向相邻的地区辐射和渗透;

第二种,媒介传播。文化借由第三方媒介从文化源地向另一地区传播;

第三种,刺激传播。一种文化中的某些知识刺激到了另一地区使其产生新的创造。[21]

一切事件的发生都存在着内因与外因。在生物学上细胞与细胞间质之间的渗透活动存在着内力与外力两种作用,文化传播的实现亦具备其内在驱动力和外在推动力。首先,文化传播活动发生的内在驱动力在于两种文化整体或其局部之间具备不同的文化势能,同细胞与细胞间质之间存在渗透压即发生渗透作用一致,当一个地区的文化具有高于其他地区文化的势能时,它会主动地想要向其他地区传播它的文化,被传地区也有借鉴高势能文化以提升自身文化的需求。其次,在人类历史上文化的传播通常伴随着外力的推动,这种外力常表现为政治、军事、经济的直接力量或媒介宣传的间接作用。从 16 世纪开始,欧洲国家借由航海与贸易开拓殖民地,利用自身军事、经济优势和外交政策向殖民地及其周边地区进行文化渗透。

5.1.3　文化传播的过程与规律

文化传播又被称为文化扩散,是指人类文化由文化源地向外辐射传播或由一个社会群体向另一群体的散布过程,可分为直接传播和间接传播。文化人类学家R.林顿把文化传播过程分为三个阶段:第一阶段是接触与显现阶段,文化的传播和影响程度取决于文化之间接触时间的长短和密切程度;第二阶段是选择阶段,即对于显现出来的文化元素进行批评、选择、决定采纳或拒绝;第三阶段是采纳融合阶段,被传播者把决定采纳的文化元素融合于本民族文化之中,创造出新的混合文化形态[22]。从地理空间看,文化传播具有扩散性,通常文化是由中心区向四周扩散,根据传播途中信息递减的一般规律,离文化中心区越远的地方,越不能保持文化元素的原形;从传播导向来看文化传播具有趋低性,表现为文化势能高的文化向低势能文化的渗透;文化传播具有双向性,不单单是传播者对受传者产生影响,受传者的文化往往会反向渗入传播者的文化中;文化传播的过程具有渐进性,从局部到整体、从表象到本质、从物质文化到精神文化,一种文化逐步渗透到另一文化中并逐渐被兼容和内化;文化传播具有选择性,受传者有选择地接受传入文化,文化传播到另一地区后会在采纳的过程中被修改,从而改变其原有的含义和形态。

5.1.4　跨文化传播理论

跨文化传播是指不同文化之间以及处于不同文化背景的社会成员之间的交往与互动,涉及不同文化背景的社会成员之间发生的信息传播与人际交往活动以及各种文化要素在全球社会中流动、共享、渗透和迁移的过程[22]。区分"同文化传播"与"跨文化传播"的关键点在于传播双方信息编码的重叠程度,通常低于70%的重叠量即被认定为跨文化传播。跨文化传播自始至终存在于人类的发展历史中,其经历了口语时代→文字时代→印刷时代→电子时代的历史阶段,与人类社会的发展进步息息相关。没有任何两种文化是完全相同的,不同文化之间都存在差异,文化所具有的共性越小,在传播过程中受到误读的可能性越大,因此传播的难度越高。弗雷德·简特(Fred E. Jandt)在其《跨文化交际》(*Intercultural Communication*)一书中区分了不同文化群体之间传播的难度,其中西方人与亚种人的文化共性最低,传播难度最大(参照表5-1)。

表5-1 不同文化群体之间传播的难度(内容来自孙英春《跨文化传播学概论》)

群体 A/群体 B
难度较大
西方人/亚洲人
意大利人/阿拉伯人
美国人/希腊人
美国人/德国人
美国人/法语加拿大人
白中英裔美国人/保留地印第安人
白中英裔美国人/非裔美国人、亚裔美国人
美国人/英国人
美国人/英语加拿大人
城市美国人/乡村美国人
天主教徒/浸礼教徒
男权主义者/女性主义者
异性恋/同性恋
难度较小

5.1.5 本书研究与跨文化传播理论的对应关系

近代早期外来建筑在深圳地区的传播主要借助于传教士这一媒介,在传教过程中他们借由建造活动将外来的建筑元素带入到传统村落中,间接实现了建筑文化的传播。研究外来建筑文化的传播条件、规律与范式所借鉴的理论来源于跨文化传播学。本书研究与跨文化传播理论的对应关系如图5-4:

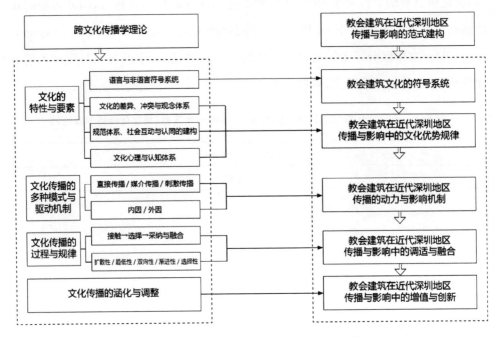

图 5-4　本书研究与跨文化传播理论的对应关系
（笔者自绘）

5.2　近代深圳地区教会建筑的建筑元素

中西方建筑文化的差异表现在一些具象的建筑元素上，如建筑的物质空间、立面形式、建筑结构和周边环境等，教会建筑传入深圳地区，在依据本地气候、地理、政策、经济、技术等现状条件作出调整的基础上也保留了自身空间、形式、构造上的一些固有的建筑元素，这些元素就是教会建筑在近代深圳地区跨文化传播的主要内容。

5.2.1　教会建筑的物质空间

不同于广州、香港、澳门等城市，在近代的深圳地区，基本上所有的教会建筑都没有按照纯粹的西方宗教建筑形制进行建造，大部分的教会建筑都是在本地传统民居的形制基础上进行改造,但在教会建筑的内部空间上或多或少的会保留有一些外来建筑的特征。通过上一章对多个教会建筑实例的分析,将教会建筑中出现的本土与外来物质空间符号进行了统计(见附录九)。

总结发现教会建筑的平面要素依据所属教派、使用性质、建筑规模及建造时间的差异而有所不同。首先,基督新教所有的教会建筑都是以"间"为单位建造的,开间进深比例近似于本地民居,除浪口堂虔贞女校主楼外都为形制规整的矩形平面,且开窗位置一般都在开间的中轴线上;小型的教堂或教士居所一般仿效民居形制,在室内局部分隔为上下两层,规模稍大的建筑设有独立于建筑本体之外的楼梯间;教堂通常为中轴对称的格局,在轴线的末端设置有神坛,保留有宣道场所向心性的空间序列;另外,无论规模大小或使用性质的不同,在建筑的主立面上通常都附加有柱廊、阳台或平台,仅1937年由本地村民建造的三祝里福音堂一处完全采用传统民居的平面式样,无阳台或外廊。

与基督新教的教会建筑不同的是,天主教的教堂和一般的教士居所、学校、育婴堂等其他教会建筑往往在平面形制上有明显的区别。天主教教堂无论规模大小,都保留了欧洲教堂以建筑山墙面为主入口的建筑形制,以纵向的空间序列为主导,从入口前厅到中厅最后直达神坛,产生具有宗教仪式感的、集中向上的空间感受,且立柱往往突出墙体内外,形成内部空间的单元划分,也是对纵向空间序列的强调。天主教其他的教会建筑如居所、学校及公共建筑的平面形制比较灵活,有一部分借鉴本地传统民居的平面形制,但大部分都保留有外来建筑的空间使用特色,建筑平面不局限于以"间"为单位,很多时候是以交通空间为主导组织流线,建筑的中轴线末端布置楼梯,平面简洁紧凑,空间利用率高。这种空间特色与欧洲18世纪下半叶强调功能、真实、自然的理性主义思想相一致。

另外,由于宣道集会活动对大尺度空间的使用需求,教会建筑尤其是教堂内作为礼拜堂的空间通常会把相邻的两到三个开间打通,以形成大跨度的空间。

5.2.2 教会建筑的立面形式

立面风格往往是区分教会建筑与民居的关键点,也是近代时期本地民居主要效仿的外来建筑文化内容。深圳地区教会建筑受到本地气候、材料、技术等条件的限制,没有太多华丽复杂的装饰式样,以实用和经济为原则将立面风格进行简化。很多外来的装饰风格也在使用本地建筑材料、构造的过程中做适当的修改,形成了新的装饰式样。

笔者对教会建筑中出现的本土与外来建筑立面形式符号进行了统计(见附录十),发现教会建筑立面的装饰重点集中在女儿墙、柱式、外廊、门窗上。

(1) 女儿墙

深圳地区很多的教会建筑在入口大门或立面屋顶檐口之上做曲线形的女儿墙,以遮挡硬山坡屋顶或强调建筑主入口,这种做法突破了尖山式硬山屋顶的传统构图,形成较为丰富的天际线(图5-5)。女儿墙多是屏风式的,与所用结构形式无关,仅为装饰而已[12]。如1937年由三祝里村民建成的福音堂,仅在大门之上做了一段女儿墙,顶端架起十字架,即是对教会建筑立面符号极其表象化地运用。这些教会建筑从地面上人的视角来看,坡屋顶被遮挡在女儿墙之后,甚至在南头育婴堂、布吉老墟福音堂这样规模较大、西洋风格明显的教会建筑中,女儿墙也完全高于坡屋顶的屋脊,这同强调屋顶形象的中国传统官式建筑完全不同。在深圳这种远离中原文化区的地带,原本对传统建筑立面起重要作用的屋顶并不是该地建筑造型的重点,屋身构成建筑形象主体的特征使得外来的立面形制得以嵌入本地的民居体系中。

图5-5　女儿墙做法
(笔者拍摄)

图5-6　柱式的做法
(笔者拍摄)

（2）柱式

本地的教会建筑中有很多在立面上保留有西方古典柱式的做法，但通常装饰线条简单，柱础、柱头也并非一一具备，是对古典柱式做法的简化。大部分柱式与外廊或大门的拱券结构相结合形成券柱式（见图5-6），也有一部分同梁柱体系结合运用。大部分柱式受到本地建筑材料和工艺的限制做成方柱，亦有很小一部分建筑上出现了石质的圆柱。另外，也在一些建筑的立面上出现了柱式的片段作为装饰构件，如三祝里村68号民宅的大门一侧遗留有一个涡卷造型的装饰构件，从它所处的位置来看应不是柱头，构件以下亦没有立柱的残存痕迹，这种装饰构件在一般的民居上面是罕见的。

（3）外廊或阳台

为适应深圳地区炎热多雨的气候，外籍传教士在本地建造多层建筑时，往往在建筑的正立面上做外廊，以达到通风遮阳的效果，也有一部分将地方传统民居的门屋做成平顶，其上做阳台，与建筑第二层的檐廊相连接。这种外廊或阳台围以栏杆或栏板，一种为绿色琉璃宝瓶式样的栏杆，宝瓶尺度做法基本相似，另一种出现比较多的做法是以绿色琉璃四瓣花形构件拼砌栏板，这种构件有时也用作窗格；也有一些使用绿色琉璃砖

图5-7　外廊及阳台栏板的做法
（笔者拍摄）

砌的镂空栏板，以砖块错位叠砌成各种图案，一般为简单的长条形、十字花形、菱形或方形等；到后期还出现了混凝土浇筑的栏板形式，图案更加繁复多样（见图5-7）。

（4）门窗

深圳地区传统民居正立面上一般开尺寸较小的矩形窗，窗洞一般以竖向的木构件作分割，而教会建筑的开窗形式更加多样，如大尺寸带有木质窗扇的矩形窗、长条形的玻璃窗、拱形或尖拱形窗等，还有用作装饰或用以阁楼通风的牛眼窗。通

常拱形的窗套出现较少且做法简单无装饰,大部分是在矩形的窗洞外加拱形浮雕线脚。

教会建筑门的做法较窗严整一些,最为常见的是券柱式门套,同时也出现了很多变形的样式,有一些会仿效本地石质门框的做法,以混凝土浇筑拱形门框;还有一些将柱式简化,直接与拱券做成一体。(见图5-8)

图5-8　门窗的做法
(右数一图为笔者拍摄,其余两幅由传教士拍摄,现存于美国南加州图书馆)

5.2.3　教会建筑的构造方式

虽然教会建筑大多采用坡屋顶形式,但其中一部分建筑的构造方式却与本地的硬山搁檩式民居不同。在南头育婴堂、浪口虔贞女校、布吉老墟基督教堂中都出现了西洋式双柱架桁架支撑屋顶的构造形式,三角形桁架的立柱直接落在地面上或架在首层的承重墙上。还有部分建筑出现了以大跨度的拱券承担屋架重量,以打通相邻开间形成大跨度的礼拜空间。

教会建筑的屋身墙体一般也是由砖砌筑,但相对于本地的民居来说砖墙更厚,立柱突出墙体,窗洞的位置很多做成内大外小的斜面形式,这种做法保留了以石材为主要建构材料的西方古典建筑的墙体构造特征(见图5-9)。

教会建筑的外廊及内部很多都是立柱配合墙体承担屋架或楼板的荷载,立柱

图5-9　浪口堂虔贞女校的窗洞
(笔者拍摄)

大多由砖砌造,也有石质或混凝土浇筑的,尺寸粗大。室内立柱一般无柱础,外廊上有一些用石质或砖砌的、构造简单的方形柱础,在一少部分的案例中出现了圆柱。

除木构屋架和木制承重桁架以外,以砖石为主要构造材料的教会建筑中有时也会嵌入其他木质构造,一般出现在楼板和楼梯处,这些做法简化了砖石建筑的构造工艺,是对本地民居构造形式的汲取。

5.2.4 教会建筑的选址与周边环境

相比于占据深圳中西部肥沃农垦地带的广府村落,近代来此传教的教士们更倾向于在客家村落中宣道。深圳近代 38 个传教村落中,有 22 个为客家村落,7 个传教中心中,5 个为客家村落,这些客家村落的传教据点往往建立得比较早,而且规模和影响力比较大。除第二章提到的广府村落与客家村落文化包容性的差异以外,传教据点的选址与设置也同村落的布局有很大的关系。广府村落等级明确的宗族体制和密集的梳式布局系统使得教会建筑无从插入,另外值得注意的是,虽然传教士们倾向于选择客家村落传教,但作为传教据点的客家村落往往并非是早期迁到深圳地区的客家宗族建立的形制严谨的围屋或围村,而大多数是建立于清朝中期以后的村落,村落布局既成围又成排,兼具广府与客家村落的布局形式。同时,作为传教据点的广府村落,通常为多姓宗族杂居的村落或者是作为政治中心、商业中心的重要村镇。

无论是在广府村落还是客家村落中,教会建筑一般都选址在村落的边缘、地势较高的地带或主要道路的端头,一方面连接村落街巷,与村落形成良好的沟通关系;另一方面有独立进出村子的通道,可以形成不与村落道路体系交叉的、独立的交通流线。教会建筑群前面一般有开阔的场地,并以围墙或借助地势划分出属于自身的独立的空间领域,但这些围墙一般不高,使得人们在村落的其他地区也得以窥见教堂高大的建筑形象,通过这种异域建筑形象的展示吸引本地村民接触他们的宗教文化。

5.2.5 不同建筑元素形成的教会建筑类型

从附录九、附录十的内容可以发现,深圳地区近代的教会建筑依据不同外来符号元素的保留程度分为以下几种建构模式:

1) 典型的外来风格教会建筑

这种风格的教会建筑在深圳地区的数量很少,现存的仅有南头育婴堂和葵涌土洋天主教堂两处。一般的教会建筑由本地堂点、信众和管理者共同集资建造,资金来源不稳定且数量不多,其建造活动受到限制,往往难以建成较大的规模或使用较复杂的构造装饰形制。南头和土洋的教会建筑都是由香港米兰外方传教会直接出资建造的,由教会传教士主持设计和施工。从建筑总体形制来看,它们保留了西洋式建筑中轴对称的形制以及以交通空间组织布局的序列,平面简洁,空间利用率高,有单独的楼梯间,交通空间与使用空间分区明确;建筑主体采用外来构造方式,局部有本地民居的木构造片段;立面构图细致复杂,多线脚装饰。

2) 基于传统民居体系营造、仅装饰风格受影响的教会建筑

有一些规模较小的教堂整体形制上与地方民居无异,仅在局部的立面装饰或空间使用上保留了外来建筑的元素符号。这些教会建筑一般建造于 20 世纪 30 年代以后,此时中国内地的动荡局势影响了传教活动的进行,“反基督运动”和“教会自治运动”迫使外国传教士离开内地的堂点,此后建造的教会建筑很多是由地方教众主持、本地工匠建造的。三祝里教堂是一个典型的案例,它建造于 1937 年,建筑为一座五开间的排屋式广府民居,开间形制、尺度、空间布局完全与民居一致,甚至出现了地方民居典型的尖山式硬山顶和入口内退的檐下空间。其所具有的外来建筑元素都是十分简单和符号化的,例如窗户上拱形浮雕线脚的的窗檐以及正立面入口以上屏风式的女儿墙。

3) 运用民居形制但刻意淡化民居立面形象的教会建筑

有一些教会建筑虽然使用了民居的形制,但却在正立面的装饰上刻意淡化传统民居的坡屋顶和屋身形象。例如布吉老墟基督教堂运用了广府民居坡屋顶主楼加前罩房的布局形式,只是层高高于普通民居,平面以开间作划分,尺度比例都符合传统形制,甚至在建筑的侧立面上还有广府民居的典型装饰式样——悬鱼灰塑。

但建筑的主立面上却以高高竖立的山形女儿墙完全遮挡住后面的坡屋顶,立面的拱券、柱式、门窗、外廊围栏等都颇具西洋式风格。这座教堂是由布吉村本籍牧师凌启莲建造,这位牧师于1852年即已受洗为基督教徒,后入李朗乐育神学院接受西式教育,相继在岭南和香港的客家传教区任教职并建造多座教堂,他所建的教堂风格明显受外来建筑影响,虽建筑本体上使用民居形制,但以外来立面风格进行覆盖。

4) 植入外来建筑空间和构造技术的教会建筑

基督新教的传教士自19世纪40年代起就进入深圳地区传教,他们将据点建立在传统的客家村落中,致力于将地区传统民居形制和外来建筑样式相融合,创造出了在深圳中西部地区分布十分广泛的乡村教会建筑式样,如浪口堂与虔贞女校以及浪口堂区的周边传教据点教会建筑,观澜樟坑径堂点及周边传教据点教会建筑等。为获得教堂需要的大空间,他们往往以熟悉的西洋式桁架支撑传统的硬山双坡屋面,并结合本地

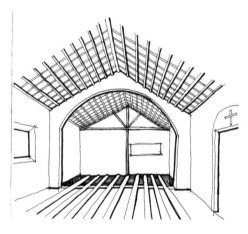

图 5-10　浪口堂虔贞女校主楼结构意向图

民居的硬山搁檩式做法,为打通相邻的开间,有时还会使用大跨度的拱券支撑起屋架的檩条。

5.3　教会建筑在近代深圳地区传播与影响的驱动机制

作为一种伴随宗教文化传播的建筑形式,教会建筑在近代深圳地区的传播和影响遵循着跨文化传播的规律,其发展和作用过程都受到一些内因和外因的共同影响。

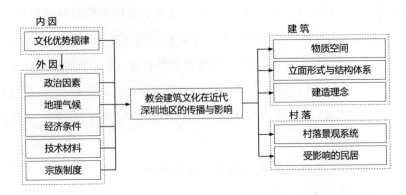

图 5-11　教会建筑文化在近代深圳地区传播与影响的驱动机制

5.3.1　内因:教会建筑的文化优势规律

　　跨文化传播发生的内在条件在于两种文化整体或局部的势能不同,并且一般都是由高势能的文化向低势能的文化进行渗透。近代西方国家的工业革命使得建筑文化、理论与技术都获得了跃进式的发展,而这一时期的中国处在封建社会的末期,高度中央集权的制度和闭关锁国的政策使得中国社会进入衰落期,传统官式建筑转向追求更奢靡精细的装饰,民间建筑已经定型,受材料和技术的限制很难产生大的转变和发展。此时伴随着传教活动的开展,教士们将西方先进的建筑技术与理念带入深圳地区贫困的客家村落中,本地民众很快就发现了教会建筑相对于村落中传统民居的优势:正立面上的外廊不仅提供了地面以上附加的活动空间,也起到遮阳通风的作用,并且打破了原有民居立面单调统一的样式;借由混凝土浇筑的技术而得以扩大门窗的尺寸,使得建筑内部获得了更好的采光通风条件,缓解深圳地区因湿热气候导致的室内高温和潮湿;先进的砖砌技术相较于传统的夯土和土墼墙极大地增加了建筑层高,使人们获得了更舒适的室内活动空间。诸如此类的优势使得教会建筑自传入后就受到地方民众的模仿。

　　当然,不同教派、不同地区村落文化势能差异大小的区别也造就了深圳地区教会建筑的多样形式和民居不同的模仿内容。天主教起源于公元 1 世纪,以罗马教廷为中心席卷整个欧洲,成为欧洲中世纪封建社会的主体政教,其在欧洲国家的地位相当于中国封建社会的儒家或法家,基本上在天主教内部通用一种宗教体制,其组织和传承都是统一的。基督新教分裂于天主教,在1517年由德国神父马丁·路德创立,作为反抗天主教教宗而创立的基督新教,其内部有很多分支和教派,各自发展多元的信仰观。从某种意义上来说,深圳地区代表中原本土礼制传统的广府民系同不断迁徙、民风开放的客家民系之间的关系近似于天主教同基督教的关系。在深圳近代,天主教教堂维持着西方古典建筑的空间秩序和建筑规制,远没有适应本地民居形制的基督新教建筑更加灵活多变,因此对本地区村落和民居所产生的影响力没有基督新教广泛,而秉持着中国传统礼制秩序的广府村落受外来教会建筑文化的影响也不如客家村落强。

5.3.2 外因:政治因素、地理气候、经济条件、技术材料与宗族制度

文化传播通常伴随着一些外力的推动。伴随列强侵华战争的爆发和不平等条约的签订,西方宗教获得了进入中国广大内地传教的机会,因此传教活动从一开始就附加有帝国主义侵略的性质,民众对于传教活动和教会建筑的态度经历了一个从抵触到接受、最后到推崇模仿的转变过程。

另一方面,外在条件如气候、地理、经济、技术、制度等因素的不同,使得一种文化在传播到其他地区后会产生一些变化。条件的限制使得教会建筑文化的传播者有选择性地保留局部的建筑文化符号加以传播,一些简洁而易于实现并适应当地气候、经济和技术条件的空间形式、立面风格和构造技术成为首选,因此这种文化传播就采用了片段式的传播形式。

通过前面的建筑实例分析也能够发现,根据各地不同的地理气候、经济条件、技术材料和宗族制度等,教会建筑在深圳不同地区传播和影响的进程和结果也不尽相同。在物质条件较好的中心村镇或其他广府村落,复杂的装饰元素和材料、技术要求较高的构造形式更容易被民居所效仿,而在较贫困的客家村落中,当地民众不得不选择更易实现的方式在民居上附加外来建筑元素。例如附加在正立面上的

外廊,在中心村镇和广府村落中大多以混凝土构件外挑支撑阳台,对空间的需求较小,因此在广府村落密集的梳式布局中也往往能够看到有阳台或外廊的民居;而在建筑技术欠发达的客家村落中,一般选择将门屋做成平顶,其上为平台,这样的形式更容易实现,但对空间的要求大,因此在客家村落中有平台的民居大多集中在村子的前排或独立于村落街巷系统的房屋上。

内因和外因的双重作用导致了近代教会建筑文化在深圳地区传播的发生,也决定了其多样的传播和影响模式,探究这些原因有助于理解不同的村落体系中不同教派教会建筑的形制差异,以及村落景观、传统民居受外来建筑元素影响的多元化范式。

5.4 教会建筑文化在近代深圳地区的影响过程与规律

文化传播的过程历经最初的接触显现阶段、选择阶段和采纳融合阶段,每一步过程中都体现出文化传播的扩散性、趋低性、双向性和选择性。近代教会建筑文化在深圳地区的传播和影响亦遵循这样的规律。

5.4.1 教会建筑文化中心扩散式的传播与影响进程

从前面的研究中已知,教会建筑的传播伴随着传教活动的发展,往往是从一个中心传教据点开始,向周围的村落进行辐射影响,新创立的传教据点中的教会建筑往往继承中心传教据点教会建筑的一些特性。而教会建筑对民居产生的影响同样具有中心扩散性,由中心传教据点到附属传教据点,再到周边其他村落,呈辐射递减式的影响规律。但在深圳近代时期,外来建筑文化的传入并不仅仅依靠于教会建筑,还有通过华侨和通商渠道传入的方式,为探究教会建筑对近代民居和村落产生的影响,首先要对不同渠道的影响范围加以区分。

表5-2　深圳地区近代传教据点与出现外来风格建筑的村落调查统计表

区/街道		是否为近代传教据点	村落是否出现明显外来风格的建筑	村落是否出现局部有外来元素的建筑	村落是否出现华侨建筑或商业骑楼建筑
宝安区	公明		✓	✓	✓
	松岗	✓	✓	✓	
	沙井	✓	✓	✓	✓
	石岩	✓	✓	✓	
	观澜	✓	✓	✓	✓
	西乡	✓	✓	✓	
	新安		✓	✓	
	福永	✓	✓	✓	✓
龙华新区		✓	✓	✓	
光明新区				✓	
龙岗区	布吉	✓	✓	✓	
	横岗	✓		✓	
	坪地	✓	✓	✓	
	龙岗	✓	✓	✓	
	平湖	✓	✓	✓	✓
坪山新区	坪山	✓	✓	✓	
	坑梓	✓		✓	
大鹏新区	大鹏		✓	✓	
	葵涌	✓	✓	✓	
	南澳	✓	✓	✓	
	坝光	✓	✓	✓	
南山区	南头	✓	✓	✓	✓
	西丽	✓	✓	✓	
	南山		✓	✓	✓
	桃源		✓	✓	
罗湖区	笋岗			✓	
	黄贝		✓	✓	
	东湖			✓	
	深圳墟	✓			✓
福田区	福田			✓	
	沙头			✓	

区/街道		是否为近代 传教据点	村落是否出现 明显外来风格 的建筑	村落是否出现局部 有外来元素的建筑	村落是否出现华侨 建筑或商业骑楼 建筑
盐田区	盐田			✓	
	沙头角	✓	✓	✓	✓
总计		33 个	21 个	24 个	32 个	9 个

（数据来源：实地调研与深圳市文物局第三次文物普查报告，外来风格建筑详细统计表格见附录十一至十三）

＊统计以当前的建筑遗存为准，忽略了历史进程中的变化因素，因此存在必然的误差。

考虑外来建筑的影响范围不一定局限于所在村落的范围，因此上表（见表 5-2）以当前行政区划的街道（即传统古村落组团）为单位对传教据点、近代教会建筑遗存以及出现外来风格建筑的村落的统计，可以初步总结出如下几点：

首先，在所有出现明显外来风格建筑的 24 个街道中，传教据点占 17 个，达到 70.8％的比例，这 17 个传教据点所在的街道中有 6 个出现了华侨建筑或商业骑楼建筑，可推测，绝大多数出现外来建筑风格的村落组团都受到教会建筑的影响，而其中有近一半的村落组团单纯仅受教会建筑影响，可见在教会传教渠道、早期通商渠道与民间传播渠道三种建筑文化传播渠道中，传教渠道所起到的作用最大。

其次，在所有的 21 个传教据点中，出现有明显外来风格建筑的村落有 18 个，占据 85.7％的比例，建筑局部出现外来建筑式样的村落有 20 个，占据 95.2％的比例，在一定程度上显示出传教士在传教据点建造的外来风格建筑对村落建筑的风格有很大影响，同时本地居民对外来建筑元素的接纳程度很高。

当然，由准确的地理分布图画出的图示来看，有一些传教据点与出现明显外来风格建筑以及局部有外来元素建筑的村落呈标准的中心扩散式形态，有一些是围绕出现华侨建筑的村落发展的，还有一些呈偏心发展的态势（见图 5-12）。决定建筑形态发展的影响因素有很多，包括地理因素、交通因素、商贸因素或宗族因素等，并且在某一行政规划范围的边缘区域的村落也很有可能受到就近其他行政区划内村落的影响，因此往往这种影响的图示并非以等半径的圆形向外扩散，而是呈现多元性的扩散模式。

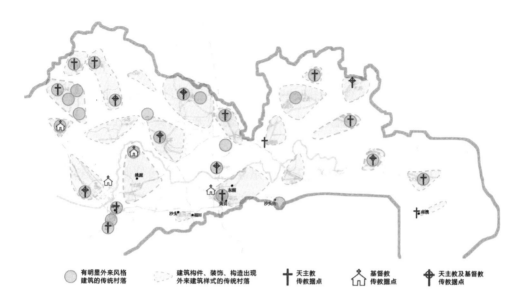

图 5-12　深圳地区近代传教村落与出现外来风格建筑的村落分布图
（笔者自绘）

5.4.2　教会建筑与本地传统民居的调适与融合

文化传播是双向的,教会建筑在本地传播与影响的过程中,无论是教会建筑本身还是受影响的民居都需要依据对方的文化信息编码作出适当的调整和适应,以实现文化上的融合,这种适应过程会经历三个阶段:"第一阶段是一个反复实践、不断摸索的过程,在这一过程中,要发现传播双方共享的某些认同;第二阶段是把传播双方的认同融为一种互相接受的、趋同的关系认同,尽管他们的文化认同仍存在差异;第三阶段是对认同进行重新协商的阶段。"[22]西方传教士进入中国内地传教时,会通过很多当地人易于接受的传教策略传播自身的宗教信仰,如天主教"孔子加耶稣"的宣传策略、基督新教服务于底层劳动者的公共慈善事业等,而本地的教会建筑在选择其建筑形式的过程中,也会反复考虑其与本地传统建筑的适应性,这对其自身的建筑文化也是一种改变。在之后的传播与影响过程中,会有一些元素符号始终保留下来,反复出现,证明它已被当地的文化所接受。

例如在教会建筑中常常会出现拱门和柱式,这对本地居民来说并不是一个陌生的建筑符号。在调研过程中发现,在祠堂或宗庙的大门及正厅连通侧厢或廊房的墙壁上使用拱门的做法在本地很常见(见图5-13),拱券之上也会装饰以浮雕线脚,但没有发现出现在民间住宅上的案例。而石作柱式也常常出现在祠堂或宗庙正面的檐廊及建筑内部。对于本地村民来说,拱门和柱式是在象征着宗族和信仰的祠庙建筑中固定的建筑符号,在这样的传统思想下,教会建筑对拱门和柱式的使用反而将它同本地正统的宗族礼法和民间信仰联系起来,使外来宗教也能在本土村落的礼制信仰中占有一席之地。在西乡黄麻布村东北角紧邻的天主教堂、观音殿和将公庙似乎验证了,天主教在深圳地区的客家村落中成功地被村民接纳,它等同于长期存在的佛教、道教那样的宗教信仰,人们像接受诸佛诸圣一样接受了来自西方的基督耶稣,并将它作为一种精神寄托。

在深圳地区的教会建筑中不难发现,很多柱式和拱券装饰的风格没有完全保留西洋式的风格,反而与地方宗庙中的装饰风格比较相似。一方面是由于很多教会建筑由本地工匠建造,他们将自身熟悉的样式带入教会建筑的建造中;另一方面也显示了作为教会建筑文化传播者的教士们适应本地建造规制所作出的调整。

图 5-13　深圳本地宗祠中的拱门和柱式做法
(笔者拍摄)

5.4.3　教会建筑在深圳地区传播与影响过程中的增值创新

教会建筑给深圳地区传统村落和民居带来的影响使得清朝中晚期固化的传统建筑形制和布局得以被打破,也使得地方传统民居获得了更加优异的建筑空间质量和丰富的立面形式,这是外来建筑文化给本地民居带来的增值和创新。同时,除了具象的表面形式和空间以外,教会建筑的传播和影响也引起了传统建筑建造理念的革新,人们开始转向于关注新型的建筑材料与技术,在此基础上实现了很多建筑形式的创造。虽然这种革新是缓慢的,有时甚至是逆向的,但作为地方民众主动汲取跨文化元素并进行的建筑实践,其本身的意义大于形式和结果。

跨文化传播不是单向性的,因此增值和创新也不仅仅发生在地方民居中。在教会建筑传播和影响的过程中所作的调整与适应也使得其本身产生了一些良性的发展。西方古典建筑往往形制严整,追求理性思想,强调人对环境的把控力,但纵观深圳地区近代的教会建筑,很多处在山水环绕的自然村落中,其朴实的风格和体量,以及建筑群体错落的布局方式是对岭南传统民居顺应自然、"天人合一"的价值理念的借鉴。

5.5　本章小结

本章从跨文化传播学的理论视角分析研究了教会建筑在近代深圳地区传播与发展的基本范式,从教会建筑的符号系统、传播与影响的驱动机制、传播与影响的过程和规律三个方面进行剖析,探究建筑物质空间与形式之下的内在规律。

跨文化传播的过程是漫长、复杂而反复的,其中受到诸如政治、经济、地理、气候、制度、民俗、资源、技术等多方面因素的影响,针对深圳地区本身,教会建筑的传播发展受到了内因与外因的共同作用。一方面,教会建筑所具有的西方先进建筑技术及理念吸引本地民居进行效仿,另一方面也受到了战争、传教活动以及本地条件的影响。

作为一种跨文化传播的载体,教会建筑在深圳地区发展过程中经历了对自身建筑符号的筛选以及对本地民居建筑符号的借鉴,并经过与本土村落布局和民居形制的调整与融合,最终形成了保留自身外来建筑特征同时兼具地方特色的建筑样式。无论是作为传播方的教会建筑,还是作为被传播方的本地村落和民居,都得到了增值和发展。

——第六章——
结论与展望

教会建筑在近代深圳地区的传播与影响属于跨文化传播的现象，在近代特殊的历史时期和社会背景下，远离中原文化中心的深圳地区，以传教活动为媒介输入的教会建筑文化给地方传统的村落与民居带来了冲击。两种不同背景与内容的文化：西方宗教建筑文化与岭南传统村落建筑文化，在当时的地理气候、政治局势、社会宗族、村落系统、经济技术等多方面因素的影响下，彼此调整融合，形成中西合璧的建筑文化。取决于不同的传播路径与影响深度，深圳地区的教会建筑呈现出多元化的特征，一些建筑具有典型的西方古典建筑风格，一些虽整体形制接近于地方民居但使用了外来的构造技术或装饰风格，纵观深圳现存所有的教会建筑，没有任何一座单纯为中式或西式的建筑风格，或多或少都具有文化交合的痕迹。受教会建筑的影响，深圳地区封建社会末期一成不变的传统村落与民居的规制被打破，移民社会的文化包容性使得地方民众乐于接受能够带来更舒适的室内活动空间、更丰富的建筑立面装饰的外来建筑式样。

本书通过对教会建筑的传播背景和历史史实，教会建筑及受教会建筑影响的传统建筑的物质空间、建筑形式、建造的思想观念的探究，探讨外来建筑文化在深圳地区的传播与影响，并从交叉学科综合研究的角度，揭示深圳地区传统建筑对外来建筑文化吸收与接纳的基本范式，主要形成以下结论和认知。

1）主客观背景条件决定教会建筑的传播与影响的路径和结果

教会本身的传教策略和态度是影响教会建筑形制的主观原因，而传入地的客观条件也对其形制的生成、传播和影响起决定性作用。首先，教会建筑的传播与影响是基于近代深圳地区的传统村落体系的，村落的地理区位和层级系统、村落与村落之间的沟通联系都会影响传教据点的选择以及据点的辐射路径，进而影响教会建筑形式的传播范围;其次,传统村落的社会体制、宗族观念、民居规制和资源技术等客观条件决定了教会建筑在建造时对外来建筑元素的取舍,通常建造者们会选择适应当地气候地理、易于实现并易于为本地居民所接受的构筑形式,拉近和民众的距离以达到传教目的;并且,不同族群的文化包容性差异也会影响到传教据点的选择以及发展,在清康熙年间深圳地区复界后迁入的小型客家族群因具有更强的文化包容性而被传教士们所青睐,他们乐于接受新鲜事物并在不同的文化中选择对自身有益的方面进行汲取。通常客家村落的传教据点都发展的比较早且规模较大,而处于广府人聚居区的传教据点往往较小。

2) 教会建筑符号化的传播内容

近代的深圳地区所有的教会建筑都没有按照纯粹的西方宗教建筑形制进行建造,大部分的教会建筑都在本地传统民居的形制基础上进行改造,但在教会建筑的内部空间上会保留有一些外来建筑特征。这些建筑空间、形式、构造及建造理念上的特征常常被传播者们符号化,它们可能是原有西方古典建筑形制中的一个简化的片段或教士们依据本地条件改造成的新元素。符号化的特征也促进了这些元素在本地区的受众中传播,可以看到,本地区受教会建筑影响的民居其外来建筑式样也都是片段化的,民众往往根据自身的需求选择在房屋上附加外廊、阳台或其他装饰元素,而民居本身的体制并没有发生变化。

3) 教会建筑传播与影响的双向性

不仅仅是教会建筑给本地传统民居和村落景观带来了影响,地方建筑的建造规制以及村落系统也会对教会建筑的形式产生很大的影响。这种影响体现在教会建筑依据本地资源条件和民居形制对本身的形式进行调整,创造出异于其原本式样的新形式。例如在教会建筑中大量地使用坡屋顶,其屋顶形象与立面的西式元素融合成新的建筑形象,另外,西方宗教以山墙面作为主立面的形制在本地区发生改变,尤其是基督新教的教会建筑,全都仿效民居以开间方向的立面作为主立面。

4) 调整融合与增值创新是移民社会的固有文化特性

移民文化的包容性决定了本地区对外来文化的排斥程度低于中国广大内陆地区,不同文化的共存为跨文化传播与交流创造了条件。在这样的社会背景下,不同文化在反复实践和不断的摸索中调整与融合,以寻求双方的共性,并实现共同的增值发展。不同文化之间的调整融合与增值创新因此成为移民社会的固有文化特性,民众对外来建筑文化的接纳、对先进建筑理念及技术的汲取以及对本民族建筑自身优点的坚持,对于深圳在全球信息交流的大背景下地域建筑文化的走向有着深刻而积极的借鉴意义。

本书通过对相关文献资料的广泛收集以及对村落和建筑的田野调查形成理论框架和研究基础的构建,但受一些客观条件的制约仍有很多不足之处:首先,对深圳清中晚期 900 多个村落的地图复原中,有 200 多个村落名称已无法从 1992 年出版的《深圳地名志》上获得确认,原因在于这些村落在后期的发展中逐渐消失;另外,在深圳地区所有的近代建筑遗存中,除已完成写作的 7 处之外,还有一些未得到落实,例如观澜樟坑径堂区虽保留很多受教堂影响的民居,但原始教堂的地点已经模糊,在调研过程中向新教堂的叶传道、村内的居民,以及两位曾到樟坑径调研、对深圳老基督教堂感兴趣的博友访谈询问后均未得到确定的答复,樟坑径教堂在历史上几经重建,最后一次在 1945 年重建完全采用了地方民居样式,导致教堂与周边民居产生了混淆而难以分辨。并且,教会建筑的传播并非局限于一个地域,对于深圳地区来说,其教会建筑的发展与香港本部教区以及同教区的归善县、惠阳县,乃至于岭南的其他传教区域都有很大的联系,结合其他地区的建筑案例会更加完善研究结论,但受时间限制无法对这些地区的教会建筑进行深入地研究。

——参 考 文 献——

［1］魏收.魏书（全八册）[M].中华书局,1997:1378.

［2］王瑜.外来建筑文化在岭南的传播及其影响研究[D].广州:华南理工大学,
2012:10,203.

［3］董黎.岭南近代教会建筑[M].北京:中国建筑工业出版社,2005:1.

［4］凤元杰.文献信息检索[M].北京:科学出版社,2010:4.

［5］戴元光,金冠军.传播学通论[M].上海:上海交通大学出版社,2000:399.

［6］夏其龙.香港天主教传教史（1841—1894）[M].香港:三联书店（香港）有限公
司,2014:10.

［7］Ronald C Y NG. The San on Map of MGR. Volonteri[J]. The Geographical Journal，1969，135(2):231-235.

［8］张一兵校注.深圳旧志三种[M].影印本.深圳:海天出版社,2006:636,697.

［9］赵尔巽.清史稿（全四十八册）[M].北京:中华书局,1998:2289,2290.

［10］《宝安文史丛书》编纂委员会.嘉庆新安县志校注[M].北京:中国大百科全书
出版社,2006:1010.

［11］张研.清代县以下行政区划[J].安徽史学,2009(01):5-16.

［12］王鲁民,乔迅翔.营造的智慧——深圳大鹏半岛滨海传统村落研究[M].南
京:东南大学出版社,2008:69,88,135,147.

［13］黄庆林.近代中国民族文化心态的变迁探究[J].求索,2012(07):199-201.

［14］柯义霖.从米兰到香港[M].香港:良友之声出版社,2008:26,89.

［15］余健华.岭南传统民居营造技术研究[D].重庆:重庆大学,2006:127.

［16］莫金鸣.清末民国时期基督教在新安的传播[J].广东史志,2014(1):57-62.

［17］莫金鸣.晚清与民国时期天主教在新安的传播［J］.广东史志,2013(6):56-60.

［18］雷雨田,等.广东宗教简史［M］.上海:百家出版社,2007.

［19］陈志华.外国建筑史［M］.北京:中国建筑工业出版社,2010:66.

［20］中国民族学学会.世界文化多样性宣言［C］.民族文化与全球化研讨会,2003.

［21］［美］M·恩伯,C·恩伯.文化的变异——现代文化人类学通论［M］.沈阳:辽宁人民出版社,1988.

［22］孙英春.跨文化传播学导论［M］.北京:北京大学出版社,2008:17,37,342.

［23］宝安县地方志编纂委员会.宝安县志［M］.广州:广东人民出版社,1997.

［24］深圳市文物管理办公室,黄中和.深圳市文物保护单位概览［M］.北京:中国科学技术出版社,2008.

［25］周军,吴曾德.深圳市第二次文物普查报告［M］.北京:科学出版社,2012.

［26］蔡培茂.深圳市地名志［M］.广州:科学普及出版社广州分社,1987.

［27］王鲁民,吕诗佳.建构丽江:秩序·形态·方法［M］.北京:生活·读书·新知三联书店,2013.

［28］Lodwick K L. The Chinese Recorder and Missionary Journal, Volume XXXII［M］. BiblioBazaar, 2009.

——— 附　录 ———

附录一　深圳地区清朝中晚期村落复原情况统计表

（内容考自嘉庆《新安县志》与《深圳市地名志》）

所属区域	地理区域	村　落	
		广府村落	客籍村落
典史管属村落	南头	南头镇沙、第一甲、田下村、福庆村、福源村、向南村、北头村、南山村、湾下村、仓前村、黾庙村、关口、石桥头、涌下、墩头村、后海村、大涌村、白石村、莘塘村、龙井村	伶仃村
	南头城北	西沥村、留仙洞、新围村、平山村、茶冈村、文冈村、珠冈头、塘萌村、隔岸村、上面冈、福来村、下黄里、黄里东头	黄里西头、白芒村、长岭坡、三坑、谢山头
	西乡	西乡、铁冈村、猪凹村、庄边村、莆心村、流塘村、寺街、臣田村、上川村	蔗园村、后滘村
	不明	庵前村、熬湾村、北灶村、崇镇里、大石鼓、高地村、东栅村、福洞村、关家围、兰围村、龙冈村、南桂村、三石下、新街、子街、周田莆、兴隆村	新兴村、油榨村、维新村、溪西村
县丞管属村落	葵涌	溪涌村、上洞、下洞、葵涌村、沙鱼涌、高圳头、东门村、关湖村、坝光	葵涌圩、高圳头、凹头、枫树头、土洋、屯围子、白石冈、径心、第三溪、新屋仔、张屋村
	大鹏	大鹏城内、大鹏城外、大坑村、水贝村、石桥头、东村、牛肆岭、鸭母脚、水头村、岭下岭、南坑埔、乌涌村、松山下、田心围、王母圩、新桥村、下村仔、高铁树、埔锦村、埔尾村、王母峒	王母洞围、柯屋围、叠福、石角头、油草棚、黄旗塘、新围、龙岐村

所属区域	地理区域	村　落	
		广府村落	客籍村落
县丞管属村落	南澳	横冈围、沙冈围、大岭下、半天云、碧洲围、西贡围、南社围、坪山仔、水头沙、鹅公村、鹤薮村、新屋仔、平洲村	王姓、水头、大碓、大石村、南澳村、芽山村、高岭、杨梅坑、下沙、岐沙、鹿咀村、横坑、枫木潦
	不明	鹤寮村、苔涌村、古楼岭、井坑埔、凤岗里、犬眠地下、吉龙里、东山下、犬眠地、西山村	洞圩、犬眠地、白水塘、李达春、戴姓、辛姓、长山下、陈姓、盐寮下、大岗坑、梁姓、王母、张姓、曾姓
官富司管属村落	光明(北)	马田村、张屋村、凤凰湖、北港村、蒲冈村、沙莆围、蚝涌村	径口、凤凰湖、泥围子
	平湖	平湖围、良安田、松柏荫、新屋村、述昌围、莆心村、岐岭村、山下村、岭下村	木古、下窝、莆心、莆心排
	观澜	圆冈村、清湖圩、清湖村、陈屋围、大步圩、大步头	松园下
	龙华	大浪村、上芬新村、双安村、田心围、乌石下、向南村、缘芬村、东坑村	大水坑、冈头子、芋荷塘、芋合湾、缘分村、山咀、大堪仔、樟坑子、早禾坑、赤岭头、荫口、赖屋山、牛地埔、缘分
	布吉	大径村、中心巷、白石龙、黄泥涌、南坑村、广田村、平源村、大平村、新围仔、田心村、松园下、大岭下、丹竹坑、隔塘村、吉田村、上水村、松源头村、李屋村、官坑村	金竹村、泮田子、羊尾、柑坑、李荫、木棉湾、大芬、丹竹头、大望、樟树莆、上下坪、塘径、松园头、平朗、南岭子、梅子园、禾坑、大芒、丹竹坑、象角塘、雪竹径、水径窝、新田子
	深圳墟	罗湖村、向西村、塘坑村、笋岗村、田心村、横冈下、笔架山、新田、湖贝村、湖南村、水贝村、黄贝岭、凹下村、赤水洞、泥冈村、田贝村、彭坑村、罗坊村、锦田村、清庆村、樟上村	罗坊、大坑塘、梧桐塞、草莆仔、大辋仔、凹下、莲塘、莲塘尾
	上步	上步村、沙尾村、沙咀村、竹村、上梅林、沙头东头村、冈下村、旧石下、新石下、田面村、东涌村、福安村、赤尾村、东头村、岭贝村、下梅林、下步村、梅林径下	梅林、新村、大脑、福田村

所属区域	地理区域	村 落	
		广府村落	客籍村落
官富司管属村落	沙头角	径口村、田心围、西山村、隔田村、西河村、新围村、洞背、井头、永安村、叶屋村	黄寓合、圆墩头、沙冈圩、沙井头、龙眼园、朝阳围、大梅沙、盐田田寮下、沙井头、坳头、暗径、大牟尾
	龙岗	洞头围、谷田村、隔水村、牛凹村、水口村、三角村、泰源里、向东村、西湖村、西莆围	花香炉、大埔围、下坑
	坪山	牛角山、黄沙坑、横塘村、石湖圩、上村村、水田	坪山子、黄沙坑、大窝
	坪地	南岸村、石壁村	中心村、香园
	横岗	横冈村、白泥坑、汉塘村、龙塘村、新隆村、大塘村	
	不明	薄寮村、长冈村、草塘围、长表村、东新村、东乡村、东山村、大垄村、二黄店村、告塘村、古瑾村、隔涌村、廓下村、合山围、横洲村、河上村、和宁圩、黄客埠、尖头围、锦兴村、甲溪村、苦草洞、榄口村、隆兴村、菱香径、梁水莆、龚村村、刘家围、木桥头、马鞍山、芒角村、木湖围、马公塘、鸟溪沙、牛下墩、莆塘下、平洲湾、莆上村、碰涌村、蒲凫村、莆梅村、培风圩、桥边莆、庆田村、乔头围、深涌村、石步林屋村、沙冈村、石步李屋村、山鸡郁、土狗莆、塘坊村、田尾村、辋川村、围头村、夏川村、新屋边、新灶村、新屋岭、西涌村、下新村、谢坑村、袁家围、仰窝村、荫贝村、月冈村、椰树下、余庆围、子屯围村、洲边村、昭径村	柏鳌石、白芒、大面子、风坑、鼓楼塘、冈陶下、珩溪浦、画眉凹、花山、滑石子、径下、监山、厥岭、莲麻坑、李公径、迈屋边、茅田子、门背子、南涌围、莆隔、平洋村、平洋、莆上村、莆上围、七木桥、青衣、浅湾、锁脑盘、社山、扫地郁埔、上下塘、铁场、乌瞿涌、小莆、响石、小莆村、盐下灶、鸭矢墩、园下、油甘头、羊公塘、羊头围、羊头岭、寨旭
福永司管属村落	新安	固戍村、黄田村、白沙莆、白冈村、东山村、黄竹村、荣昌围、瓦窑头、燕村、镇南围	黄麻莆、苈竹塘、蔗园莆、亚婆髻、龙门村、黄金洞、西联村
	福永	白石村、更鼓岭、岭下村、桥头村、塘尾围、造下村、桥头村、东坑莆、龙头村、新村、怀德村、德威围、福安围	福永村、黄田村、东坑村、嘛面围

所属区域	地理区域	村　　落	
		广府村落	客籍村落
福永司管属村落	光明	唐家村、周家村、大墩围	
	沙井	沙井村、白沙村、大王山、新橘村、茅洲山、墩头村、马鞍山、衙边村、后亭村、大田村、黄莆村、南洞村、洪田村、镇龙村、沙头村、上寮村、菱塘村、坐下村、大步涌	冈头村
	乌石岩	田寮村、蒝心村、坑尾村、三祝堂、田心围、田心村、横朗	应人石、罗租村、塘头围、麻莆村、径贝村、泥冈、石隆、青山下、白坑、官田、塘坑围
	公明	罗群围、李松蒝、根竹围、水贝村、长圳村、龙湾村、甲子堂、大围、塘下村、楼村田尾、上辇村、下辇村、西田村、大凼村、薯田村、合水口	
	松岗	黄松冈、潭头村、新村、上头田、下山门、大井头、石冈村、葤下村、文屋围、豪涌村、湾村、南畔村、江边村、江边新村、碧头村、碧头新村、沙莆村、溪头村、塘下涌、山尾村、山尾新村、上山门、楼冈村、罗田村、松柏山、雾冈村、西山村	
	不明	赤坎树、仓边村、东涌、岭皮围、大桥村、邓家蒝、福德庄、古蹊围、隔田村、冈莆村、禾屋围、禾仓岭、禾曲岭、黄家庄、吉澳、甲飒洲、静安围、聚福围、九江围、旧产冈、李屋村、柳屋、鸟木本、莆尾村、盘石围、庆南围、仁居围、绅川村、上莆尾、山头面、山边村、田寮下、挺头岗、湾尾村、王勒村、香园村、象岭村、新庆村、兴隆村、新产冈、下莆村、永安围、鸭仔塘、永南庄、鱼涌村、周屋围、苫田村、水尾围	案山村、白芒村、长坑围、公爵薮、黄家庄、横村围、龙溪村、龙冈仔、龙塘围、水坑围、渭江村、尾尾蒝、屋场排、巷尾村、涌口村、岳壶村、丫坑、咀头村

统计	可确定		不明/今属香港	
	广府村落	客籍村落	广府村落	客籍村落
典史管属村落	42	8	17	4
县丞管属村落	43	32	10	14

统计	可确定		不明/今属香港	
	广府村落	客籍村落	广府村落	客籍村落
官富司管属村落	122	77	71	44
福永司管属村落	95	23	48	18
共计	302	140	146	80
	442		226	

＊"不明"一栏中包含有现今属于香港的村落

＊《新安县全图》中已标注且能与嘉庆《新安县志》村落名录对应上的有 298 个村子,加上补充的 442 个村落,共计 740 个村落能够得到确认

附录二　深圳地区近代教会建筑（已知）名录

宝安区
1. 基督教西乡蓇竹角村老教堂
2. 天主教麻嗊村天主之母堂
3. 天主教麻嗊村天主之母堂学校
4. 天主教水田村普通之母堂
5. 基督教观澜樟坑径福音堂
6. 基督教三祝里福音堂
7. 基督教黄麻布教堂
8. 天主教黄麻布耶稣君王小学
9. 基督教西乡堂
10. 天主教樟坑径明智学校
11. 基督教西乡黄麻布福音堂教会女校
12. 基督教黄麻布布吉小学
13. 基督教两渡河头教堂
14. 基督教冈头村教堂
15. 基督教新田观澜堂
16. 基督教观澜堂
17. 基督教福永堂
18. 基督教福永堂圣经学校
19. 基督教福永堂男/女小学
20. 基督教松岗堂
21. 基督教沙井小学
22. 天主教臼田村圣方济各堂
23. 天主教茜坑堂
24. 天主教松元厦圣母无染原罪堂
25. 天主教西乡凤凰村公所
26. 天主教松冈西方村公所
27. 天主教松冈西教会建筑遗迹

龙华新区
1. 基督教浪口福音堂
2. 基督教浪口度学校
3. 天主教水田村普通之母堂
4. 天主教观澜樟坑径福音堂
5. 天主教山咀头村玫瑰堂
6. 天主教山咀头村玫瑰堂学校
7. 天主教罗屋围圣家堂横朗村公所

龙岗区
1. 基督教坂田福音堂
2. 基督教布吉老坪堂
3. 基督教布吉山小学
4. 基督教圣山墓地
5. 天主教坪地四方埔教堂
6. 天主教坪地四方埔大同中学
7. 天主教坪地四方埔安老院
8. 基督教龙岗福音堂
9. 基督教布吉李朗福音堂
10. 基督教布吉李朗乐育中学
11. 基督教横岗教堂
12. 基督教约塘圣若瑟堂
13. 天主教坂田圣母堂
14. 天主教坂田冈头普道之母堂
15. 天主教黄岗太和村教会学校
16. 天主教圣山墓地

坪山新区
1. 基督教坪山堂
2. 基督教碧岭塘坑教堂
3. 基督教坪山小学
4. 基督教坑赵洞教堂
5. 天主教坪山堂
6. 天主教塘坑村圣母原罪堂

大鹏新区
1. 天主教葵涌土洋村玫瑰堂
2. 天主教葵涌土洋村玫瑰堂崇德学校
3. 基督教葵涌堂
4. 基督教葵涌乐育中/小学
5. 天主教葵涌山东村圣若瑟堂
6. 天主教南澳水头沙圣伯多禄堂

罗湖区
1. 基督教深圳堂
2. 基督教深圳堂全基督教学校
3. 基督教深圳堂小学
4. 基督教田心村教堂
5. 基督教和平路教堂
6. 天主教深圳墟教堂

南山区
1. 天主教南头育婴堂
2. 天主教南头圣弥额尔堂
3. 基督教石桥头教堂
4. 基督教南头堂小学

盐田区
1. 天主教盐田天主之母堂
2. 基督教沙头角宣道所
3. 基督教沙头角宣道所小学

＊现存原址教会建筑　＊原址新建现代教堂　教会建筑　＊已存的教会建筑

不同教派教会建筑数量统计表

基督新教教会建筑数量			天主教教会建筑数量					
教堂	教会学校	圣山墓地	教堂	公所	教会学校	育婴堂	安老院	圣山墓地
26	17	1	20	4	5	1	1	1
合计 44 处			合计 32 处					
合计 76 处								

教会建筑保存情况统计表

现存原址教会建筑遗迹		原址新建现代教堂/教会建筑		已不存的教会建筑	
基督新教	天主教	基督新教	天主教	基督新教	天主教
7	10	5	2	32	20
合计 17 处		合计 7 处		合计 52 处	
合计 76 处					

附录三　深圳地区近代教会建筑（已知）谱系图一

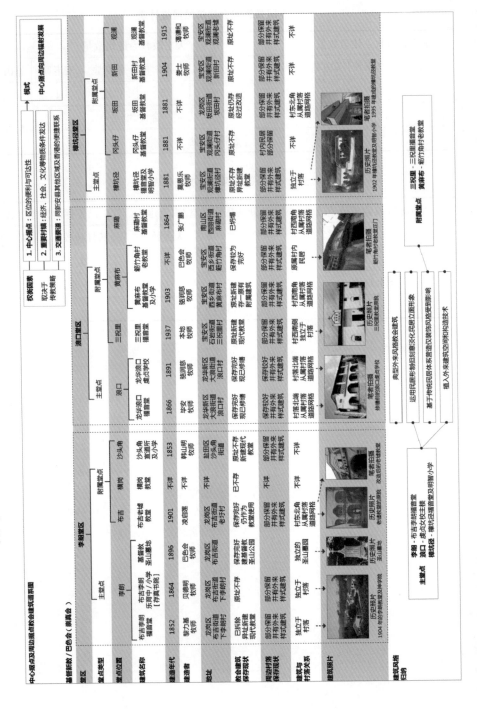

附录四　深圳地区近代教会建筑（已知）分布图—（中心据点及周边据点教会建筑——基督新教巴色会）

附录五　深圳地区近代教会建筑（已知）谱系图二

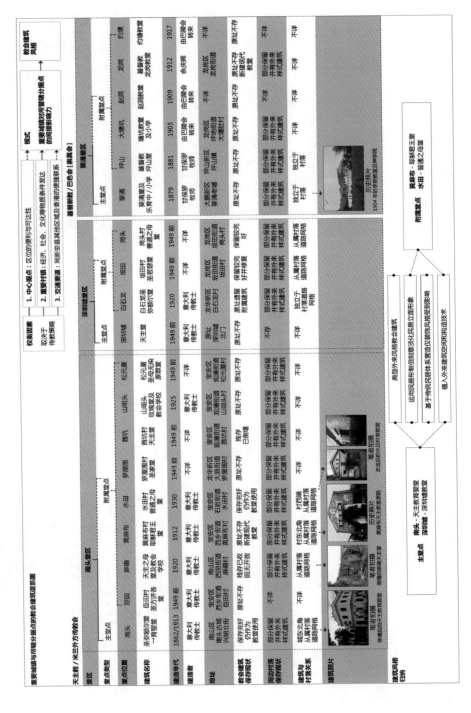

附录六 深圳地区近代教会建筑（已知）分布图二

（重要城镇教会建筑——基督新教巴冕会 重要城镇与所辖分据点的教会建筑——天主教米兰外方传教会）

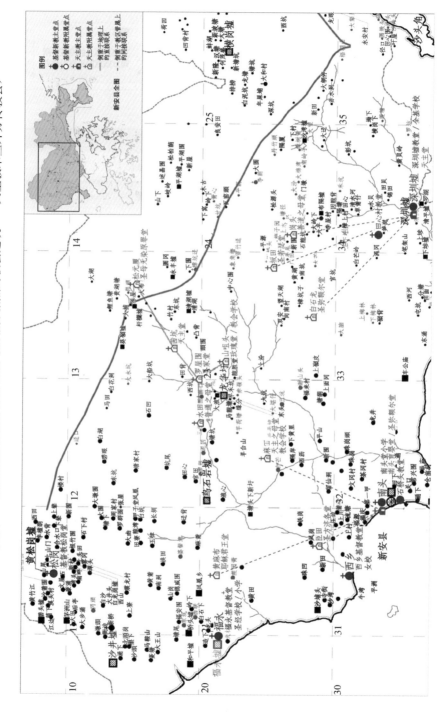

附录七　深圳地区近代教会建筑(已知)谱系图三

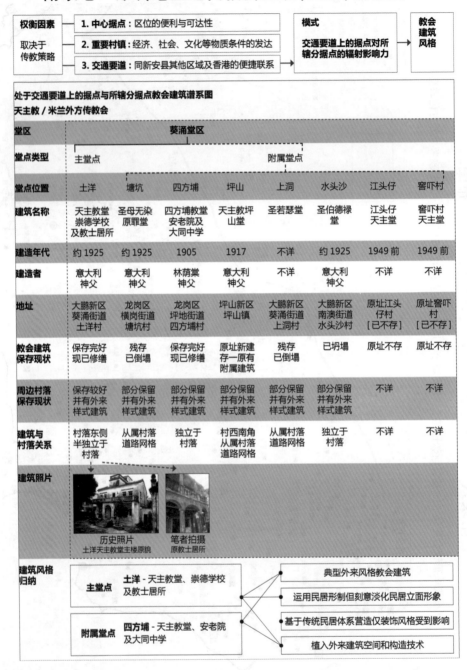

权衡因素	**1. 中心据点**：区位的便利与可达性	**模式**	**教会建筑风格**
取决于传教策略	**2. 重要村镇**：经济、社会、文化等物质条件的发达	交通要道上的据点对所辖分据点的辐射影响力	
	3. 交通要道：同新安县其他区域及香港的便捷联系		

处于交通要道上的据点与所辖分据点教会建筑谱系图
天主教 / 米兰外方传教会

堂区	葵涌堂区							
堂点类型	主堂点				附属堂点			
堂点位置	土洋	塘坑	四方埔	坪山	上洞	水头沙	江头仔	窖吓村
建筑名称	天主教堂崇德学校及教士居所	圣母无染原罪堂	四方埔教堂安老院及大同中学	天主教坪山堂	圣若瑟堂	圣伯德禄堂	江头仔天主堂	窖吓村天主堂
建造年代	约 1925	约 1925	1905	1917	不详	约 1925	1949 前	1949 前
建造者	意大利神父	意大利神父	林荫棠神父	意大利神父	不详	意大利神父	不详	不详
地址	大鹏新区葵涌街道土洋村	龙岗区横岗街道塘坑村	龙岗区坪地街道四方埔村	坪山新区坪山镇	大鹏新区葵涌街道上洞村	大鹏新区南澳街道水头沙村	原址江头仔村[已不存]	原址窖吓村[已不存]
教会建筑保存现状	保存完好现已修缮	残存已倒塌	保存完好现已修缮	原址新建存一原有附属建筑	残存已倒塌	已坍塌	原址不存	原址不存
周边村落保存现状	保存较好并有外来样式建筑	部分保留并有外来样式建筑	部分保留并有外来样式建筑	部分保留并有外来样式建筑	部分保留并有外来样式建筑	部分保留并有外来样式建筑	不详	不详
建筑与村落关系	村落东侧半独立于村落	从属村落道路网格	独立于村落	村西南角从属村落道路网格	从属村落道路网格	独立于村落	不详	不详

建筑照片

历史照片
土洋天主教堂主楼原貌

笔者拍摄
原教士居所

建筑风格归纳		
主堂点	**土洋** - 天主教堂、崇德学校及教士居所	典型外来风格教会建筑
		运用民居形制但刻意淡化民居立面形象
附属堂点	**四方埔** - 天主教堂、安老院及大同中学	基于传统民居体系营造仅装饰风格受到影响
		植入外来建筑空间和构造技术

附录八 深圳地区近代教会建筑（已知）分布图三

（处于交通要道上的据点与所辖分据点的教会建筑——天主教米兰外方传教会）

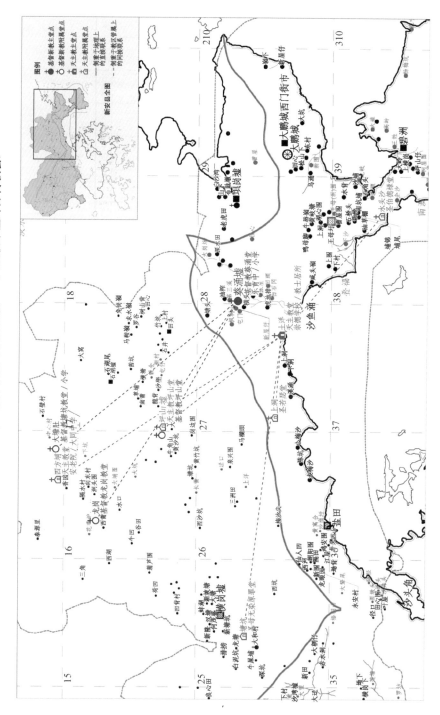

附录九 调研教会建筑中出现的本土与外来建筑物质空间符号

教派	建筑功能	编号	建筑名称	建造时间	非矩形平面	不以开间作为分隔单元	平面开间与外廊不对应	中轴线末端无交通空间	独立的楼梯间	首层有外廊	二层有外挑柱廊或阳台	门屋上做大平台	有通风井	山墙面为主入口	开间打通	立柱凸出墙体	以间为单位	室内局部分隔为两层	主屋前有门屋	中轴对称	中轴线末端为正厅或神坛	每间墙中线对称开窗
								外来建筑空间符号									本土民居空间符号			共有空间符号		
基督新教	教堂	1	布吉老墟福音堂	1902						✓	✓				✓					✓	✓	✓
		2	蓢竹角村老教堂	不详			✓		✓	✓	✓				✓		✓	✓		✓	✓	
		3	三祝里福音堂	1937	✓				✓		✓	✓	✓		✓		✓	✓		✓	✓	✓
	学校	4	虔贞女校主楼	1866			✓	✓	✓	✓	✓	✓			✓		✓			✓	✓	✓
	居所	5	三祝里村某住宅	不详													✓			✓		✓
		6	布吉老墟教堂凌氏家宅	不详							✓				✓	✓	✓	✓		✓	✓	✓
天主教	教堂	7	土洋村礼拜堂	1927						✓	✓			✓	✓	✓	✓		✓	✓		✓
		8	水田村老教堂	1930			✓			✓	✓		✓	✓			✓	✓		✓	✓	✓
		9	土洋村教堂主楼	1927				✓	✓							✓	✓			✓		✓
	居所	10	土洋村教士居所	不详						✓	✓						✓	✓		✓	✓	
	其他公共建筑	11	南头天主教育婴堂	1913	✓	✓	✓							✓		✓	✓		✓			✓
比例统计					18.2%	9.1%	36.4%	18.2%	36.4%	54.5%	72.7%	18.2%	18.2%	27.3%	54.5%	36.4%	90.9%	45.5%	18.2%	90.9%	63.6%	81.8%

附录十　调研教会建筑中出现的本土与外来建筑立面形式符号

教派	建筑功能	编号	建筑名称	建造时间	外来建筑立面形式符号														共有立面形式符号			本土民居立面形式符号					
					坡屋顶立面不可见	曲线形女墙	山花	券柱式	柱廊或拱廊	栏杆或栏板	拱形门窗	大尺寸门窗	长条形窗	牛眼窗	砖叠涩或浮雕线条窗檐	浮雕线条装饰	十字架	立面水平线脚装饰	中轴对称	均等开窗	主入口门廊	硬山顶	仿悬山顶	垛头	主入口檐下空间	石质门窗框	墙面灰塑
基督新教	教堂	1	布吉老墟福音堂	1902	✓	✓		✓		✓				✓		✓		✓	✓	✓	✓	✓					✓
		2	蓟竹角村老教堂	不详		✓					✓	✓								✓	✓	✓				✓	
		3	三祝里福音堂	1937		✓				✓					✓		✓		✓	✓	✓	✓			✓		
	学校	4	虔贞女校主楼/大门	1866		✓		✓	✓	✓	✓	✓		✓	✓	✓	✓	✓	✓	✓	✓	✓		✓		✓	
	居所	5	三祝里村某住宅	不详		✓						✓							✓	✓		✓					
		6	布吉老墟教堂坡氏家宅	不详				✓	✓	✓	✓	✓			✓		✓		✓	✓	✓	✓				✓	
天主教	教堂	7	土洋村礼拜堂	1927		✓		✓	✓	✓	✓	✓				✓	✓	✓	✓	✓	✓	✓					✓
		8	水田村老教堂	1930	✓	✓		✓	✓			✓			✓	✓			✓	✓	✓	✓					
		9	土洋村教堂主楼	1927				✓	✓	✓	✓	✓	✓		✓	✓			✓	✓	✓	✓				✓	✓
	居所	10	土洋村教士居所	不详		✓			✓	✓	✓	✓							✓	✓		✓				✓	
	其他公共建筑	11	南头天主教育婴堂	1913		✓		✓		✓	✓	✓		✓	✓	✓		✓	✓	✓	✓	✓				✓	✓
			比例统计		18.2%	81.8%	0.0%	63.6%	63.6%	72.7%	54.5%	81.8%	9.1%	27.2%	63.6	54.5%	45.5%	54.5%	90.9%	100%	63.6%	100%	0%	9.1%	9.1%	54.5%	36.4%

157

附录十一　深圳宝安区、龙华新区、光明新区近代建筑

（建造年代 1839—1950 年）分布统计表

区	街道（古村落）	村落	文物保护单位、文物点
宝安区	公明街道（15）	上石家自然村（1）、西田村（1）、下村社区（1）（1）、元山古村落（1）、上南古村落（1）、将围自然村（2）、龙湾自然村（1）、楼村社区（1）、东坑社区（1）、玉律社区（1）、长圳社区（1）、合水口古村落（1）、公明老墟（1）	市级文物保护单位—绮云书室；区级文物保护单位—观澜古墟（仅包含观澜大街、卖布）、大水田村古建筑群、营救文化名人旧址/白石龙天主堂、燕川村古建群、沙井智熙家塾、沙井曾耀添宅、浪心古村、浪口虔贞女校、新桥粮仓（与之相邻的宝安区不可移动文物保护点广安当铺）、贵湖塘老围；镇级文物保护单位—垦岗碉楼、蟾生新楼（陈蝉生新楼）、沙头广居；宝安区不可移动文物点：东宝中学旧址、公明墟、日军侵华碉堡、廖氏宗祠、振能学校、广安当铺（新桥当铺）、植利碉楼、观澜老街、鸿禧围、郑氏宗祠、贵湖塘陈氏围屋、万丰潘氏宗祠、沙三陈氏宗祠、洪田围古建筑群、广培学校旧址、启明学校旧址、水田古建筑群、上寮古建筑群、新二古建筑群、桥头古建筑群（清平古墟）、林屋古建筑群、俄地吓古建筑群、清湖古建筑群、维新学校旧址、锦庭书室
	观澜街道（66）	白鸽湖村（1）、马坜村（1）（1）（1）、龙兴村（1）（2）、河东村（1）、河西村（1）、大布巷村（1）、上围村（2）、新田老村（1）（1）、吉坑村（1）（3）、牛湖村（1）（8）、黎光新村（1）（1）、黎光老村（1）（1）、库坑村（1）（3）、樟阁村（1）（3）、大水坑村（1）（1）、塘前村（1）（1）、桔岭村（1）（1）、松原厦村（1）、武光村（1）、围仔村（1）、坳背村（1）、君子布村（2）、观澜（8）（区）、桂花社区（1）（区）、俄地吓村（1）、大水田村（1）（区）、黄屋排村（2）	
	松岗街道（8）	塘下涌古村落（2）、罗田古村落（1）、溪头古村落（2）、红星古村落（1）、燕川村（1）（区）、山门村（1）	
	新安街道（1）	上合古村（1）	
	沙井街道（24）	楼岗村（2）、垦岗村（2）（区）（镇）、上星村（2）（区）、桥头村（3）（区）、万丰村（1）、沙三村（1）、洪田村（1）、上寮村（1）、黄埔村（2）、龙头村（3）、新二社区（1）（3）（镇）、新桥村（1）、沙头村（1）（镇）	
	西乡街道（19）	流塘村（2）、九围村（1）、钟屋村（2）、黄田村（2）、固戍村（4）、沙湾村（1）、乐群村（3）（市）、铁岗村（1）、黄麻布村（2）、林屋村（1）	
	石岩街道（16）	园岭村（1）、坑尾村（1）、园径村（1）、官田村（1）、料坑村（1）、塘头村（3）、罗租村（1）、浪心古村（2）（区）、水田村（1）（1）、上屋田心村（2）、黎光村（1）、	
	福永街道（4）	桥头古村落（2）、白石厦古村落（1）、凤凰古村落（1）	

区	街道（古村落）	村落	文物保护单位、文物点
	龙华新区（14）	白石龙村（1）（区）、浪口村（1）（3）（区）、石凹村（1）、罗围屋自然村（1）、清湖村（2）、龙华老街（1）（1）、弓村（1）、河背村（1）、樟坑村（1）	
	光明新区（4）	径口社区（1）（1）、碧眼村（1）、白花村（1）	

总计	近代建筑数量	客家围屋数量	成片保留广府民居的村落	文物保护单位总数（近代）	省级文物保护单位数量（近代）	市级文物保护单位数量（近代）	区级文物保护单位数量（近代）	镇级文物保护单位数量（近代）	其他文物点数量（近代）
	171	2	32	14	0	1	10	3	25

（数据来源：《深圳市第二次文物普查报告（上·中·下编）》）

附录十二 深圳龙岗区、坪山新区、大鹏新区近代建筑（建造年代1839—1950年）分布统计表

区	街道（古村落）	村落	文物保护单位、文物点
龙岗区	龙岗街道（26）	兰三老屋村（1）、新大坑自然村（1）、竹头背村（1）、新西村（1）、积谷田村（2）、田上村（1）、杨梅岗村（1）、新屯村（1）、楼吓村（2）、南约社区（1）、新合村（1）、蒲排村（1）、岗贝村（6）、吓坑村（1）、梨园村（1）、罗卜坝村（2）、大埔村（1）、龙和世居（1）	国家级文物保护单位—大鹏所城；省级文物保护单位—土洋东纵司令部旧址、龙田世居、茂盛世居；市级文物保护单位—东纵军政干校旧址、东江纵队《前进报社》旧址；区级文物保护单位—庚子首义旧址、念妇贤医院、纪劬劳学校、乐育神学院旧址、曾生故居、清标彤管牌坊
	坪地街道（5）	寺利自然村（1）、新屋场自然村（1）、黄竹村（1）、福地岗新围村（1）、福地岗老围村（1）	
	横岗街道（5）	茂盛村（1）（省）、莘塘村（1）、西坑社区（1）、格坑村（1）（1）	
	平湖街道（6）	山厦村（1）、上木古社区（1）、白泥坑社区（1）、辅城坳社区（1）、平湖墟（2）（区）（区）	
	布吉街道（3）	围肚村（1）、老墟村（1）、李朗村（1）（区）	
坪山新区	坪山街道（9）	沙绩村（1）、碧岭社区（2）、马峦村（3）（区）（1）、石灰陂村（2）（市）（区）	
	坑梓街道（8）	盘古石村（1）、田段心村（1）（省）、草堆岭村（1）、荣田自然村（1）、新横村（1）、沙田田脚水生村（1）、下陂头村（1）、卢屋村（1）	
	葵涌街道（3）	三溪村（1）、土洋村（2）（省）	
大鹏新区	大鹏街道（3）	大鹏所城（1）（国家级）、鹏城社区（1）（市）、水贝村（1）（区）	
	南澳街道（1）	高岭老村（1）	

总计	近代建筑数量	客家围屋数量	成片保留广府民居的村落	文物保护单位总数（近代）	省级文物保护单位数量（近代）	市级文物保护单位数量（近代）	区级文物保护单位数量（近代）	镇级文物保护单位数量（近代）	其他文物点数量（近代）
	69	34	6	12	3	2	6	1	0

（数据来源：《深圳市第二次文物普查报告（上·中·下编）》）

注释：（省）、（市）、（区）分别代表省级文物保护单位、市级文物保护单位、区级文物保护单位。

附录十三　深圳特区内近代建筑(建造年代 1839—1950 年)分布统计表

区	街道(古村落)	村落	文物保护单位、文物点
南山区	西丽街道(5)	麻勘村(5)	省级文物保护单位:元勋旧址、中英街界碑; 市级文物保护单位:育婴堂、陈郁故居、东莞会馆、沙头角中英街; 区级文物保护单位:女祠、侵华日军碉堡、石厦碉楼及宗祠、打鼓岭石墙
南山区	桃源街道(9)	平山村(1)(5)、塘朗村(3)(区)	
南山区	南山街道(8)	南园村(5)(市)、南山村(3)	
南山区	南头街道(3)	育婴堂(市)(1)、东莞会馆(市)(1)、碉堡(1)(区)	
福田区	福田街道(1)	皇岗村(1)	
福田区	沙头街道(4)	石厦村(3)(区)、沙尾东村(1)	
罗湖区	笋岗街道(2)	笋岗村(2)(省)	
罗湖区	东湖街道(6)	赤水洞村(1)、大望村(1)、塘坑仔村(1)、虎竹吓村(2)、茂仔村(1)	
罗湖区	黄贝村街道(4)	黄贝村(3)、罗芳村(1)	
盐田区	盐田街道(7)	社排村(1)、吓围村(1)(1)、西禾树村(1)、伯公树村(2)、打鼓岭(1)(区)	
盐田区	沙头角街道(2)	中英街界碑(省)(1)、中英街(市)(1)	

总计	近代建筑数量	客家围屋数量	成片保留广府民居的村落	文物保护单位总数(近代)	省级文物保护单位数量(近代)	市级文物保护单位数量(近代)	区级文物保护单位数量(近代)	镇级文物保护单位数量(近代)	其他文物点数量(近代)
	51	0	4	10	2	4	4	0	0

(数据来源:《深圳市第二次文物普查报告(上·中·下编)》)

注释:(省)、(市)、(区)分别代表省级文物保护单位、市级文物保护单位、区级文物保护单位。

——后 记——

本书是在我的导师乔迅翔副教授的精心指导和悉心关怀下完成的。导师严谨的科研思路、实事求是的治学态度、渊博的学识、敬业的精神、对科研工作敏锐的洞察能力是我毕生学习的楷模。在此，对导师三年来对我学术上的精心指导与生活上的关怀表示最崇高的敬意和最衷心的感谢。

本书整个研究和写作过程中得到了饶小军老师、王浩峰老师的无私帮助，在此向他们致以最诚挚的感谢。饶老师、王老师以及殷子渊老师、袁磊老师、顾蓓蓓老师在我平时的学习、生活和研究等方面都给予了帮助、指导和支持，对此表示衷心感谢。

衷心感谢辅导员黄玉如老师、曾心儒老师在生活、学习等方面给予的帮助。

衷心感谢深圳职业技术学院杨涌泉老师在资料收集、田野调查以及教会建筑历史方面给予的帮助。

衷心感谢大乾艺术中心单增辉先生提供的有关浪口虔贞女校的影像资料。

衷心感谢宝安基督教堂李牧师、厦门基督教教徒吴志福先生、观澜樟坑径福音堂叶传道、黄麻布基督教堂揭牧师、三祝里福音堂魏传道、布吉老墟福音堂杨牧师在访谈过程中给予的无私帮助。

最后感谢在我学习、生活及论文完成过程中给予过我关心和帮助的所有老师和同学。